GAOZHIGAOZHUANANQUANJISHUGUANLIZHUANYEGUIHUAJIAOCAI

国家级职业教育规划教材

人力资源和社会保障部职业能力建设司推荐

高职高专安全技术管理专业规划教材

事故应急救援

人力资源和社会保障部教材办公室　组织编写

主　编　易　俊　黄文祥

中国劳动社会保障出版社

图书在版编目（CIP）数据

事故应急救援/易俊，黄文祥主编．—北京：中国劳动社会保障出版社，2015
高职高专安全技术管理专业规划教材
ISBN 978-7-5167-2277-0

Ⅰ．①事…　Ⅱ．①易…②黄…　Ⅲ．①事故-救援-高等职业教育-教材　Ⅳ．①X928

中国版本图书馆 CIP 数据核字（2016）第 014832 号

中国劳动社会保障出版社出版发行
（北京市惠新东街 1 号　邮政编码：100029）
*
北京瑞禾彩色印刷有限公司印刷装订　　新华书店经销
787 毫米×1092 毫米　16 开本　13.5 印张　247 千字
2016 年 2 月第 1 版　　2026 年 1 月第 11 次印刷
定价：29.00 元

营销中心电话：400-606-6496
出版社网址：http://www.class.com.cn

“高职高专安全技术管理专业规划教材”

编委会

内容简介

本书为国家级职业教育规划教材，是“高职高专安全技术管理专业规划教材”之一，属于专业核心课程，由人力资源和社会保障部教材办公室组织，根据高等职业学校安全技术管理专业教学标准编写。教材附有教学用电子课件（PPT）供免费下载，下载网址为中国人力资源和社会保障出版集团网站 http://www.class.com.cn。

本书系统讲述了事故应急救援的基本知识、体系，事故应急救援预案的编写要求、方法和步骤以及事故应急救援的培训、演练等内容，在此基础上，为了使教材更具实用性和可操作性，有针对性地分析了事故应急处置的基本方法，事故应急救援的常用装备使用，事故避灾自救与现场急救方法措施。主要内容包括：事故应急救援概述，事故应急救援体系，事故应急救援预案编制与管理，事故应急救援培训与演练，事故现场应急处置，事故应急救援常用装备，事故避灾自救与现场急救知识。本书可以作为高等职业院校的教材，也可以作为工业企业安全技术人员、安全管理人员等的实用参考书。

本书由重庆工程职业技术学院易俊、黄文祥主编，重庆工程职业技术学院刘健、李红、陈雄、秦江涛参加编写。易俊编写第一章内容，并负责大纲的确定和稿件的审核工作；李红编写第二章内容；陈雄编写第三章第一节和第二节内容；秦江涛编写第三节和第四节内容；刘健编写第四章和第五章内容；黄文祥编写第六章和第七章内容，并负责各章案例分析、技能实训和习题编制。

前　言

安全生产事关人民群众生命财产安全，事关改革发展稳定大局，事关党和政府形象和声誉。党中央、国务院高度重视安全生产，确立了安全发展理念和“安全第一、预防为主、综合治理”的方针，采取一系列重大举措加强安全生产工作。近年来，随着我国经济建设的快速发展，社会和企业对安全生产应用型人才的需求量日益增多，这给高职高专安全技术管理专业建设带来了新的机遇和挑战。中国劳动社会保障出版社具有安全生产图书出版的传统优势，先后出版发行了高校安全工程专业研究生教材、全国高校安全工程专业本科规划教材和中等职业教育相关教材等。为了发挥专业教材出版优势，更有力地推动安全技术管理专业职业教育的发展和人才的培养，加强教材建设这一专业建设的重要基础工作，国家人力资源和社会保障部教材办公室组织全国高职高专相关院校的知名教师，系统地编写了“高职高专安全技术管理专业规划教材”，并由中国劳动社会保障出版社出版发行。

本套教材分为专业核心课程和专业方向核心课程两大类，其中，专业核心课程教材包括《安全生产法律法规》《安全管理》《安全心理学》《安全人机工程》《安全系统工程》《职业健康技术与管理》《安全评价实务》《事故预防与分析》《事故应急救援》《电气安全技术》《防火防爆技术》《安全监测与监控技术》《锅炉压力容器安全技术》《机械与起重设备安全技术》《安全管理文书写作》，专业方向核心课程包括消防、矿山、建设、石油化工、交通运输、工贸等行业领域安全技术管理教材。

本套规划教材的编写注重满足高职高专安全技术管理专业教学课程体系的新发展和教学现状，力求创新，在吸收已有教材成果的基础上，将本学科的最新理论、技术和规范纳入教学内容，并与国家最新的相关政策法规、技术标准保持一致。为满足培养应用型人才的需求目标，整套教材加强了职业教育特色，避免纯理论阐述，强调以实际技能和职业需求带动教学。每种教材的技能实训内容丰富，提倡工学结合，增加了可操作性和工作实践性，为学生今后的职业生涯打下坚实的基础。

本套教材的每一种都附有教学用电子课件（PPT）供参考使用，可登录中国人力资源和社会保障出版集团网站 http://www.class.com.cn 免费下载。

在本套教材开发过程中，全国近20所高等院校、科研院所的近百名专家和教师积极参与了编写和审定工作，在此向他们表示衷心感谢！同时，由于时间和各因素制约，教材中难免有不足之处，期望专业领域专家和广大师生提出宝贵的意见和建议。

高职高专安全技术管理专业规划教材编委会

2015 年 7 月

目录

第一章　事故应急救援概述

第二章　事故应急救援体系

第三章　事故应急救援预案编制与管理

第四章　事故应急救援培训与演练

第五章　事故现场应急处置

第六章　事故应急救援常用装备

第七章　事故避灾自救与现场急救知识

第一章
事故应急救援概述

本章学习目标

1. 知识目标

掌握事故应急救援的基本概念；熟悉事故应急管理的内涵、原则和任务；了解事故应急救援管理的现状和发展趋势。

2. 技能目标

具备应急救援基本知识分析和表达能力。

第一节　事故应急救援基本概念

事故应急救援涉及的基本概念很多，重点概念如下：

1. 事故

事故是在人们生产、生活活动过程中突然发生的、违反人们意志的、迫使活动暂时或永久停止，可能造成人员伤害、财产损失或环境污染的意外事件。

2. 应急救援

应急救援是指针对可能发生的或已经发生的事故采取预防、预备、响应和恢复的活动与计划。

3. 应急管理

应急管理是指政府、部门、单位等组织为有效地预防、预测突发公共事件的发生，最大限度减少其可能造成的损失或者负面影响，所进行的制定应急法律法规、应急预案及建立健全应急体制和应急处置等方面工作的统称。

4. 应急预案

应急预案是指针对可能发生的事故，为迅速、有效、有序地开展应急行动，而预先制定的方案。用以明确事前、事发、事中、事后的各个进程中，谁来做、怎样做、何时做及相应的资源和策略等。

5. 一案三制

一案三制是指为应对事故应急救援而制定的应急预案和建立的应急体制、应急机制、相关法律制度的简称。

6. 预警

预警是指根据监测结果，判断事故可能或即将发生时，依据有关法律法规或应急预案的相关规定，公开或在一定范围内发布相应级别的警报，并提出相关应急建议的行动。

7. 预警分级

预警分级是指根据事故发生的可能性、严重性、紧急程度所划定的警报等级。发布时一般依次用红色（Ⅰ级）、橙色（Ⅱ级）、黄色（Ⅲ级）和蓝色（Ⅳ级）表示。

8. 应急响应

应急响应是指发生事故后，明确分级响应的原则、主体和程序。重点要明确政府、有关部门指挥协调、紧急处置的程序和内容；明确应急指挥机构的响应程序和内容，以及有关组织应急救援的责任；明确协调指挥和紧急处置的原则和信息发布责任部门。

9. 应急响应分级

应急响应分级是指根据突发公共事件的等级、影响的范围、严重程度和事发地的应急能力所划定的应急响应等级。

10. 应急保障

应急保障是指为保障应急处置的顺利进行而采取的各种保障措施。一般按功能分为人力、财力、物资、交通运输、医疗卫生、治安维护、人员防护、通信与信息、公共设施、社会沟通、技术支撑及其他保障。

11. 应急处置

应急处置是指一旦发生事故，按照应急处理程序和方法，能快速反应处理事故或将事故消除在萌芽状态的初期阶段，使可能发生的事故控制在局部，防止事故的扩大和蔓延。

12. 应急恢复

应急恢复是指事故发生的影响得到初步控制以后，政府、社会组织和公民，为了使生产、工作、生活、社会秩序和生态环境尽快恢复到正常状态而采取的措施或行动。

第二节　事故应急救援内涵、原则与任务

一、事故应急救援内涵

事故应急救援的内涵包括预防、预备、响应和恢复四个阶段，这四个阶段是一个动态的过程。虽然这四个阶段常常是重叠在一起的，但它们中的每个阶段都有各自的目标，并且成为下一阶段内容的一部分，如图 1—1 所示。

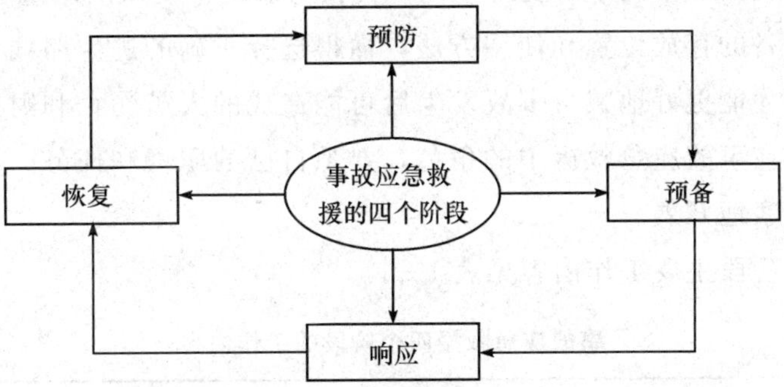

图 1—1　事故应急救援的四个阶段

1. 预防

通过安全管理和安全技术等手段，尽可能防止事故的发生；在假定事故必然发生的前提下，通过预先采取的预防措施，降低或减缓事故的影响或后果严重程度。

2. 预备

针对可能发生的事故，为迅速有效地开展应急行动而预先采取的各种准备，包括应急机构的设立和职责的落实、预案的编制、应急队伍的建设、应急设备（施）、物资的准备和维护、预案的演练、与外部应急力量的衔接等，目的是应对事故发生而提高应急行动能力及推动响应工作。

3. 响应

事故发生前及发生期间和发生后立即采取救援行动，包括事故的报警与通报、人员的紧急疏散、急救与医疗、消防和工程抢险措施、信息收集与应急决策和外部求援等，目标是尽可能地抢救受害人员、保护可能受威胁的人群，尽可能控制并消除事故。

4. 恢复

事故发生后立即进行恢复工作，使事故影响区域恢复到相对安全的基本状态，然

后逐步恢复到正常状态。立即进行的恢复工作包括事故损失评估、原因调查、清理废墟等。短期恢复中应注意避免出现新的紧急情况；长期恢复包括厂区重建和受影响区域的重新规划和发展。

事故应急救援必须强调以下两点：

（1）事故应急救援不仅仅是在事故发生后要采取行动，而是应该将重点落在预防上面，尽可能地预防事故发生。由于事故发生具有偶然性和必然性，在事故不可避免地发生后，要采取科学有效的措施降低人员伤亡、财产损失和环境破坏。

（2）事故应急救援不仅仅是从事事故应急救援专业人员的事情，它与所有从业人员密切相关，也与所有社会大众紧密相关。事故发生后现场人员不能只会报警，不能完全依赖于应急救援专业人士，更应该懂得自救与避险相关知识，懂得现场急救知识，懂得现场急救设备的存放位置和使用方法，懂得选择正确的逃生路线，懂得现场处置基本措施。这样才能更好地减少事故发生后可能造成的人员伤亡和财产损失。每个人都要扮演好自己在事故应急救援中的角色，熟悉自己的职责和任务。事故应急救援工作才可能有条不紊地开展。

应急救援各阶段主要工作内容见表 1—1。

表 1—1　　事故应急救援四个阶段的工作内容

阶段	工作内容
预防阶段	风险辨识、评价与控制 安全规划 安全研究 安全法规、标准制定 危险源监测监控 事故灾害保险 税收激励和强制性措施等
预备阶段	制定应急救援方针与原则 制定应急救援工作机制 编制应急救援预案 应急救援物资、装备筹备 应急救援培训、演习 签订应急互助协议 应急救援信息库建设等

续表

阶段	工作内容
响应阶段	启动相应的应急系统和组织 报告有关政府机构 实施现场指挥和救援 控制事故扩大并消除 人员疏散和避难 环境保护和监测 现场搜寻和营救等
恢复阶段	损失评估 理赔 清理废墟 灾后重建 应急预案复查 事故调查

二、事故应急救援基本原则

事故应急救援工作应在预防为主的前提下，贯彻统一指挥、分级负责、区域为主、单位自救和社会救援相结合的原则，如图 1—2 所示。

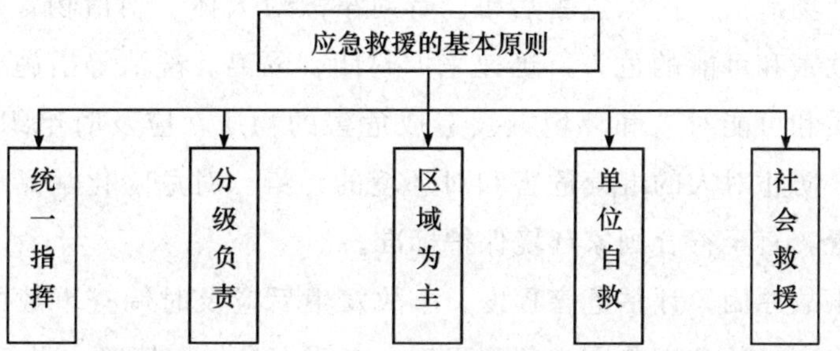

图 1—2　应急救援原则

其中预防工作是事故应急救援工作的基础，除平时做好事故的预防工作，避免或减少事故的发生外，落实好救援工作的各项准备措施，做到预防有准备，一旦发生事故就能及时实施救援。重大事故所具有的发生突然、扩散迅速、危害范围广的特点，也决定了救援行动必须达到迅速、准确和有效，因此，救援工作只能实行统一指挥下的分级负责制，以区域为主，并根据事故发展情况，采取单位自救和社会救援相结合的形式，充分发挥事故单位及地区的优势和作用。事故应急救援又是一项涉及面广、专业性强的工作，靠某一个部门是很难完成的，必须把各方面的力量组织起来，形成统一的救援指挥部，在指挥部的统一指挥下，安全、救护、公安、消防、环保、卫生、质检等部门密切配合，协同作战，迅速、有效地组织和实施应急救援，尽可能地避免和减少损失。

三、事故应急救援基本任务

事故应急救援的基本任务包括现场处置任务和宏观管理任务。

1. 现场处置任务

（1）立即组织营救受害人员，组织撤离或者采取其他措施保护危害区域内的其他人员。抢救受害人员是应急救援的首要任务，在应急救援行动中，快速、有序、有效地实施现场急救与安全转送伤员是降低伤亡率、减少事故损失的关键。由于重大事故发生突然、扩散迅速、涉及范围广、危害大，应及时指导和组织群众采取各种措施进行自身防护，并迅速撤离危险区或可能受到危害的区域。在撤离过程中，应积极组织群众开展自救和互救工作。

（2）迅速控制危险源，并对事故造成的危害进行检验、检测，测定事故的危害区域、危害性质及危害程度。及时控制造成事故的危险源是应急救援工作的重要任务，只有及时控制危险源，防止事故的继续扩展，才能及时有效地进行救援。特别对发生在城市或人口稠密地区的化学事故，应尽快组织工程抢险队与事故单位技术人员一起及时控制事故，避免继续扩展。

（3）做好现场清洁，消除危害后果。针对事故对人体、动植物、土壤、水源、空气造成的现实危害和可能的危害，迅速采取封闭、隔离、洗消等措施。对事故外溢的有毒、有害物质和可能对人和环境继续造成危害的物质，应及时组织人员予以清除，消除危害后果，防止对人的继续危害和对环境的污染。对危险化学品事故造成的危害进行检测、处置，直至符合国家环境保护标准。

（4）查清事故原因，评估危害程度。事故发生后应及时调查事故的发生原因和事故性质，评估出事故的危害范围和危险程度，查明人员伤亡情况，做好事故调查。

2. 宏观管理任务

（1）完善事故应急预案体系。各级安全生产监督管理部门和其他负有安全监管职责的部门要在政府的统一领导下，根据国家安全生产事故有关应急预案，分门别类修订本地区、本部门、本行业和领域的国家安全生产有关预案。各生产经营单位要按照《生产经营单位安全生产事故应急预案编制导则》，制定应急预案，建立健全包括集团公司、子公司或分公司、基层单位及关键岗位在内的应急救援体系，并与政府及有关部门的应急预案相互衔接。

各级安全生产监督管理部门要把生产安全事故应急预案的备案、审查、演练等作为安全生产监督监察工作的重要内容，通过应急预案的备案审查和演练，提高应急救援的质量，做到相关预案相互衔接、增强应急预案的科学性、针对性、时效性和可操作性。依据有关法律、法规和国家标准、行业标准的修改变动情况，以及生产经营单位生产条件的变化情况、预案演练过程中发现的问题和预案演练总结等，及时对应急预案予以修订。

（2）健全和完善事故应急救援体制和机制。落实有关事故应急救援体系建设重点工程。各级安全生产监督管理部门都要明确应急管理机构，落实应急管理职责。完成省、市两级事故应急救援指挥机构的建设；应急救援任务重、重大危险源较多的县也要根据需要建立事故应急救援指挥机构。做到事故应急管理指挥工作机构、职责、编制、人员、经费五落实。

理顺各级事故应急管理机构与事故应急救援指挥机构、事故应急救援指挥机构与各专业应急救援指挥机构的工作关系。对于隶属于省级矿山安全监察机构的矿山应急救援指挥机构，各省级安全生产监督管理部门要与省级矿山安全监察机构共同协商，完善体制，建立机制，理顺关系，做好工作。

加强各地区、各部门事故应急救援管理机构间的协调联动，积极推进资源整合和信息共享，形成统一指挥、相互衔接、密切配合、协同应对事故灾难的合力。要发挥各级政府安全生产委员会及其办公室在事故应急管理方面的协调作用，建立事故应急救援管理工作协调机制。

（3）加强事故应急救援队伍和能力建设。依据全国事故应急救援体系总体规划，依托大中型企业和社会救援力量，优化、整合各类应急救援资源，建设国家、区域、骨干专业应急救援队伍。加强生产经营单位的应急能力建设。尽快形成以企业应急救援力量为基础，以国家、区域专业应急救援基地和地方骨干专业队伍为中坚力量，以应急救援志愿者等社会救援力量为补充的事故应急救援队伍体系。各地区、各部门要编制本地区、本行业事故应急救援体系建设规划，并纳入本地区、本部门经济和社会发展规划之中，确保顺利实施。

各类生产经营单位要按照安全生产法律、法规要求，建立事故应急救援组织。危险物品的生产、经营、储存单位及矿山、金属冶炼、城市轨道交通运营、建筑施工单位应建立应急救援组织；生产经营规模较小的，可以不建立应急救援组织，但应指定兼职的应急救援人员。危险物品的生产、经营、储存、运输单位及矿山、金属冶炼、城市轨道交通运营、建筑施工单位应配备必要的应急救援器材、设备和物资，并进行经常性维护、保养，保证正常运转。

统筹规划，建设具备风险分析、监测监控、预测预警、信息报送、数据查询、辅助决策、应急指挥和总结评估等功能的国家、省（区、市）、市（地）安全生产应急信息系统，实现各级安全生产应急指挥机构与相关专业应急救援指挥机构、国家级区域应急救援基地及骨干应急救援机构的信息共享。应急信息系统建设要结合实际，依托和利用安全生产通信信息系统和有关办公信息系统资源，规范技术标准，实现互联互通和信息共享，避免重复建设。

高度重视应急救援管理和应急救援队伍的自身建设，建设一支政治坚定、作风硬朗、业务精通、装备精良、纪律严明的安全生产应急管理和应急救援队伍。加强思想作风建设，强化忧患意识、执行意识、服务意识、奉献意识，养成勤勉敬业、雷厉风行、尊重科学、敢打硬仗的作风。加强业务建设，强化教育、培训与训练，提高管理水平和实战能力。建立激励和约束机制，对在安全生产事故应急救援工作中做出突出贡献的单位和个人，要给予表彰和奖励。

（4）建立健全事故应急救援法律、法规及标准规范体系。加强事故应急救援管理的法制建设，逐步形成规范的安全生产事故灾难预防与处理工作的法律、法规和标准规范体系。认真贯彻新出台的《中华人民共和国安全生产法》和《中华人民共和国突发事件应对法》，认真执行《国家突发公共事件总体应急预案》。抓紧研究制定安全生产应急预案管理、救援资源管理、信息管理、队伍建设、培训教育等配套规章、规程和标准，尽快形成安全生产应急管理的法规标准体系。

（5）加强安全生产应急管理培训和宣传教育工作。将安全生产应急管理和应急救援培训纳入安全生产教育培训体系。在有关注册安全工程师、安全评价师等安全生产类资格培训，以及特种作业培训，企业主要负责人培训、安全生产管理人员培训和市、县长等培训中增加安全生产应急管理的内容。分类组织开发应急管理和应急救援培训适用教材，加强培训管理，提高培训质量。生产经营单位要加强对从业人员的应急管理知识和应急救援内容的培训，特别是要加强重点岗位人员的应急知识培训，提高现场应急救援处置能力。

充分发挥出版、广播、电视、报纸、网络等文化宣传的作用，通过各种有效方式，加强宣传力度，要使事故应急救援的法律法规、应急预案、救援知识进企业、进学校、进社区，普及安全生产事故预防、避险、自救、互救和应急处置知识，提高生产经营单位从业人员救援技能，增强社会公众的安全意识和应对事故灾难的能力。

（6）加强事故应急救援管理支撑保障体系的建设。依靠科技进步，提高安全生产应急管理和应急救援水平。成立国家、专业、地方安全生产应急管理专家组。对应急管理、事故救援提供技术支持；依托大型企业、院校、科研院所，建立安全生产应急管理研究和工程中心，开展突发性事故灾难的预防、处理的研究攻关；鼓励、支持救援技术装备的自主创新，引进、消化吸收先进救援技术和装备，提高应急救援装备的含金量。

建立政府、企业、社会相结合的多方共同支持的安全生产应急保障投入机制。各级安全生产监督管理部门和其他负有安全监管职责的部门要根据国家有关规定，积极争取将事故应急救援需要政府负担的经费纳入到本级财政年度预算。制定事故应急救援队伍有偿服务的指导意见和管理办法，建立事故应急救援队伍正常的经费渠道。企业要建立安全生产应急管理的投入保障机制。

（7）加强与有关国家、地区及国际组织在安全生产应急管理领域的交流与合作。积极参加国际矿山救援技术竞赛及国际事故应急救援活动。密切跟踪研究国际安全生产应急管理发展的动态和趋势，开展重大项目研究与合作。继续组织国际交流和学习培训，学习、借鉴国外事故灾难预防、处置和应急救援体系建设等方面的有益经验。

第三节　事故应急救援现状与发展趋势

一、事故应急救援管理现状

1. 事故应急救援形势依然严峻

进入 21 世纪以来，我国经济建设取得了举世瞩目的长足发展，这让中国这个发展中国家在世界占据了重要地位。然而拥有世界最多人口的中国，正处在工业化城镇化加速发展的历史时期，各种生产经营活动日益频繁，据统计，全国每天同一时刻有 800 多万人在矿井下作业，有 4 000 多万人在建筑工地施工，近 1.1 亿人在公路、铁路、飞机上出行，诱发安全生产不确定因素大大增加，中国处于事故易发、多发阶段。如何进一步加强事故应急救援工作，走出一条符合中国发展实际的发展道路既是对执政能力的检验，也是保障安全生产的迫切要求。

2. 国家大力支持

中国政府高度重视安全工作，坚持以人为本的执政理念，大力实施安全发展战略，注重事故应急救援作为促进社会和谐稳定，保障人们生命和财产安全的基础工程，在政策上给予特别支持，投入上给予特别倾斜，取得了重要建设成果。2006 年 6 月，国家安全生产应急救援指挥中心在北京成立，作为综合监督管理全国事故应急救援工作的专职机构。以此为契机，全国 32 个省级、302 个市级、1 082 个安全监管部门和相关行业也成立了相应机构。组成了统一领导、分级负责、条块结合、属地管理的全国应急指挥系统，立足有效应对事故灾难，全国建立矿山、危化、铁路、民航、卫生、消防、水上搜救等应急救援队伍，人数达 35 万余人。2010 年以来，中央和地方投入五十多亿元，依托国有大中型企业，建立了国家矿山应急救援开滦队、大同队、淮南队等横跨 8 个行业领域的 52 支国家级队伍，配备了排水、钻探等一大批具有国内外领先水平的救援装备，奠定了全国范围内救援重特大事故的坚实基础。

3. 应急救援工作日趋完善

近年来全国人大和地方政府颁布实施了300多件法律、法规和政策性文件，深入开展普法教育和应急知识宣传活动。推动事故应急救援工作进入依法监管、依法行政的轨道。根据国务院颁布的《国家安全生产事故灾难应急预案》，中央各部门及县级以上人民政府全部完成了应急预案编制工作，全国生产经营单位应急救援预案总数达到600多万件，每年以应急救援为重点的演练活动达48万多次，有力推动了事故预防与处理工作。着眼全面提升处置事故灾难能力，全国监管系统与公安、环保、交通、卫生、旅游、地震、气象、海洋和军队等单位建立了预报预警、部门协作、区域联动三大应急机制，加强了救援物资储备，统筹了应急资源配置。

4. 加强国际交流协作

为进一步拓展安全生产应急工作事宜，中国先后加入了矿山救援、水上搜救等国际救援组织，与澳大利亚、德国、波兰、俄罗斯、美国等20多个国家和地区建立良好合作关系。积极参加国际范围内的技术竞赛、学术交流和装备展览等活动。学习先进理念，借鉴成功经验。

5. 应急救援成绩突出

全国事故应急救援队伍在矿山、危化、火灾等事故救援中积极发挥骨干先锋作用，2006年以来共参与400多万起事故救援，抢救遇险人员100多万人，创造了在山西王家岭煤矿透水事故救援中成功救出115人的成功经验、在大连中石油国际储运总公司“7·16”输油管道爆炸火灾事故救援中无一人伤亡的许多救援奇迹。同时还积极参加四川汶川大地震、甘肃舟曲特大山洪泥石流等自然灾害救援，做出了突出贡献，事故应急救援工作在事故预防和灾难救援等方面取得了巨大成功。

二、事故应急救援发展趋势

1. 社会和人们救援意识的主动化和救援需求的快速发展趋势

频繁的事故灾难、严重的恶性事件及非传统性灾害的频发教育了人们，使大家认识到在紧急状态下缺少救援的危害及实施救援的必要性，避险、自救的自觉性、主动性大大增强，对安全性及救援设施、措施的要求日益提升。经济的发展、社会的进步、人们生活水平的提高使得人们的需求发生变化，其中之一就是随着人的生命价值的提升而来的对安全及救援需求的提高，即人们更加关注自己的生命安全和人身安全，更加关心自己在紧急状态下的避险、自救等救援问题。同时，经济的发展和社会的进步，又为满足人们的事故救援需求提供了物资条件和社会基础，为救援需求的满足和提升提供了实现的可能性。这种主动意识一是增强了人们的学习热情，对救援知识普及、培训、宣传教育的需求增加了，需要根据不同的事故灾难特点，进行研究、编辑书籍、印发刊物、配备物品，以使人们知道怎样自救和互救。二是对各相关工作、生活、活动场所的救援要求也大大提高了，要求其在物资、产品、通信、交通、人员等方面适应人们新的需求，特别是对于一些事故灾难多发场所（如煤矿、高速公路、公众场所等）则提出了更高的要求。三是对社会救援体系的建设、救援能力的配备要求也日渐提高，要求在一定时间内有专业的救援队伍到达现场，实施专业高效的救援服务。可以说，救援主动意识的增强，对于每个人、每个机构、每个场所乃至整个社会救援体系都提出了新的更高的要求，从而也有助于减少事故灾难的发生、蔓延的速度和人们生命财产损失的程度。

2. 救援需求层次和内容的多元化、救援力量的社会化，以及救援主体的细分、供给内容的增加趋势

随着行业分工的细化、事故灾难种类的增多，对救援的需求发生了分化，这便要求救援服务的多样化。总体上看，随着需求的变化，救援力量在逐渐从家庭到政府，再由政府到专业机构和整个社会，救援的社会化趋势既是社会发展的共同需要，也是社会文明程度提高的一大标志。而且，救援总体上看是一个新兴服务业，服务业的特点是尽可能地根据不同服务对象的需求特点提供量身制作的事故救援服务。作为政府，一直努力给每个公民提供基本的公共救援服务，这是每个普通公民都可以享受的基本救援保障；作为专业性救援机构，主要针对自己的专业领域实施救援；作为商业机构，主要根据市场原则为客户提供服务，并在服务中实现盈利目标。总之，救援供给的社会化和多元化，救援服务内容的细化和差别化，都来自于救援需求的多样化，属于社会文明进步的主要内容。

3. 救援管理、机构、队伍和技能的专业化趋势

随着经济的发展、生态环境的改变、人口的增多及人们生产生活方式的调整，突发事件的发生也呈现出非传统性、多样化、危害烈度加大等特点，传统的一揽子粗放式救援体制、机制、模式和手段已难以适应新的日益细化的事故灾难特点和形势需要，这就催生了事故救援作为一个新的专门领域的产生和发展。事故救援从政府到社会，从法律法规政策到具体措施，从机构、装备到人员等的专门化、专业化倾向日渐显著，这已被国际、国内的发展进程所证明。主要体现在以下几个方面。

（1）专业性法律法规逐渐增多。除了发达国家之外，单从中国来说，先后出台了几部影响重大的涉及事故救援的法律、行政规章和指导意见，如《中华人民共和国突发事件应对法》《国务院办公厅关于加强基层应急管理工作的意见》等。

（2）政府管理机构的专门化。美国已于 1979 年设立了联邦事故救援署（FEMA），俄罗斯也于 1994 年设立了“民防、紧急状态和消除自然灾害后果部”（简称紧急状态部），瑞典设有事故救援署，几乎所有的发达国家都有专司事故救援、应急管理的政府

机构。在我国，由于原来的行政、经济管理体制的原因，基本上各生产部门都是自成体系，从设计、研发、教育、培训到生产及安全管理、应急管理、救援队伍大都是基于行业特点和部门需要设立的。随着经济体制的改革，一些行业性主管部门的撤并，尽管企业自身的经营还可以正常进行，但安全、应急、救援管理体系却受到了冲击，因此一些专家学者一直呼吁建立新的应急救援管理体制，形成新的救援机制。2003 年"非典"事件后，国务院设立了应急管理办公室，作为国务院内专司应急的值班和管理机构；一些综合性政府部门内也设立了专门机构（如交通运输部的海事打捞局等）。这都说明，事故救援作为一个非常态业务，政府需要有专门的、具有权威性的部门进行研究和管理，否则在重大灾害和灾难事故面前就可能陷入被动。

（3）具体救援机构的专业化。各国的救援机构基本都是从医疗救援开始的，但近年在医疗救援的基础上，矿山救援、道路救援、航空救援、海上救援、化工救援、地震救援、旅游救援、心理救援等专业救援机构蓬勃发展。这些以某一领域的灾难事故为救援业务的救援机构，在设备配置、人员培训、业务流程、内部管理等方面都具有其他救援机构所没有的独特优势，这不仅完善了救援体系，更重要的是提高了救援速度和效率。

（4）救援知识、技能的专业化。随着事故灾难的增多，大家在接受教训的同时也在总结经验，在思考和研究如何才能更好地实施救援，并按照特有的规律对救援人员进行培训。而且，一些原来自己搞救援、养救援人员、配救援装备的机构也在逐渐将事故救援业务承包或转移给新设立的专业性第三方救援机构。大家可以看到，在 2008 年四川汶川地震中专业人员所发挥的特有作用。以上专业化趋势，提醒人们必须认真研究这一领域，使我国的事故救援体系建设尽快达到一定的专业化水平。

4. 事故应急救援体系设计的系统化和网络化，建设中的集成化、整合性，以及运行管理的科学化、规范化、标准化趋势

事故特点之一是无国界、跨行政区，而且，随着经济全球化的发展，生产、贸易、资本、科技等的全球化发展迅猛，人们的生产、经营和生活的国际化日渐明显，这就使得事故在固有的特征之上，又有了人们生产、生活活动的跨区域特点。因此作为为人们提供应急救援服务的体系也必须随之发展，形成遍布全球、逻辑严密、合理衔接的网络体系。在救援事件较少、覆盖面较小、参与机构和人员有限的情况下，应急救援带有零散性或权宜性特点，而随着业务量的增大，政府、企业、社会的救援机构便需要紧密对接，形成一个覆盖世界各地的网络体系，以便随时接受有关机构和人员的呼救并开展救援。这一体系，从呼叫—搜救—现场救援—转运—医疗—康复—保险—结算等形成了一个严密的体系，从国内到国外乃至整个国际社会需要连接和并网，因此其体系必须按照实际需要进行系统化和网络化的科学设计。但由于救援本身具有跨领域、跨行业的特点，因此在应急救援体系的建设中需要采取集成、整合、契约性方

法，即围绕体系创新、运用市场手段、通过契约方式以较低的社会成本和代价将已有有关资源纳入到新的运行体系之中，形成新的救援服务能力，而不是什么都自己搞，一切都重新建设。

目前，一些按照商业化运作原则设立的机构，不仅在设计上进行了充分的论证，在建设中最大限度地对已有资源进行了整合，而且在运行、管理中也按照科学规律开展工作，实行全球范围内的标准化服务，使其能按照清晰的业务流程、规范的运作体系、高效的服务方式为客户提供满意的救援服务。因此，在目前世界上的大型专业救援机构中，其救援的科学性、规范性、标准化、法律关系的清晰性都已达到一定水平，而且，随着社会的发展会更加完善。

5. 事故救援装备、产品、技能的高科技化趋势

随着救援需求的增加、救援市场的扩大，所涉及的救援人数越来越多，且这些被救援者对救援的速度、效率、质量的要求也越来越高。同时，作为救援机构来说，要提高市场占有率、竞争力和社会知名度，就必须救援效率高，救援服务好，有相当的人员、装备、技术做支撑，特别是一些非传统性事故灾难，如果没有相应的先进救援装备和技术做保障，可能就难以完成救援任务。作为救援机构要提高效益就需要降低成本、减少赔付或赔偿，而及时、高效的救援是减少赔偿的有效手段之一，是降低综合救援成本、提高机构经济效益的重要手段，也是其为人民服务的最高宗旨和准则。为此，救援队伍的装备水平随着科技的发展而日渐提高，如直升机的调用、生命探测仪的开发、煤矿瓦斯报警装备的发展、高臂消防车的使用、大吨位救援车的投放、海上救援装置的配备、海事卫星等通信设施的运行等，都是救援装备高科技化的重要标志。围绕救援，一些家庭、写字楼、宾馆饭店开始配备逃生产品，如救援包、防火面具、逃生绳索等。与此伴随，救援技能也得以迅速提升，不仅专业救援人员的救援技能在迅速提高，且政府救援人员、社会志愿者队伍的救援技能也在不断进步，大量书籍的出版发行、培训机构的诞生都是提高救援技能的重要基础和标志。

6. 保险、救援、医疗业务的紧密结合及救援向预测、预防等前端延伸的趋势

在发达国家，应急救援作为保险的扩展和延伸，已经取得显著成效，形成了成熟的合作模式和业务流程，且在此基础上逐渐向前端及向预测、预防、防范突发事件发生、自救互救、增强当事人应急能力等方面转变。搞好预防是减少事故发生的主要措施，作为救援机构来说，只有在收取费用之后没有救援任务或救援任务较少时才有利可图，而减少事故发生的最好方法是做好预测，搞好预防，不出或少出事故。

事故一旦发生，减少救援工作量的最大可能是及时遏制事态发展，人员伤亡和财产损失越少越好，而从及时性角度考虑最方便的是自救，最快速的是现场人员互救。因此，救援机构的工作向前延伸，不仅符合其自身的经济利益，也符合当事人的最高利益，在这方面的利益本质上是一致的。

在中国，主要是以政府救援为主，商业救援机构发育不够，市场性救援能力差距较大。保险公司自改革开放后主要还在从事传统的寿险、财险业务，而应急救援目前主要在医疗领域进行。其他救援如道路救援、矿山救援等也基本未完成与保险的紧密对接，救援的理论基础还是行政性、公益性、公共性为主导的。基于救援行业的特点，按照保险理念，从大数法则和概率论原理出发，通过精算进而形成新的业务模式还没达成广泛共识，以致基本上还是点对点、一对一的救援，且还没有向前延伸或延伸远远不够。因此，需要基于这一趋势，构建基于保险理念的事故救援体系，并切实地通过预防减少突发事件发生，有效遏制事态发展，尽可能减少人民群众的生命财产损失。

7. 应急救援的产业化、市场化、商业化趋势

政府作为应急救援的基本保障者和提供者，固然可以满足一般人群的普通救援需求，但确实难以完全满足不同人群、不同应急下的不同需求。有必要按照工作或环境特征、事故灾难特点设计特殊的事故救援产品，满足特殊需要。事故救援还是个可以向各方面延伸的领域，如果进入预防阶段，则涉及产品、物资配备，涉及救援人员数量和质量；如果进入培训领域，则涉及编写教材、设立场所、购置器材、组织培训等，也需要耗费人力财力等。政府给予事故救援支持是必要的，事故救援在政府加大投入、社会积极参与的同时，也需要发展市场化的事故救援体系，尽可能实现一些事故救援领域的产业化，这是个不可遏制的大趋势。

复习思考题

1. 事故应急救援有哪些重要概念？如何理解？
2. 如何理解事故应急救援内涵？
3. 事故应急救援的基本原则、任务是什么？
4. 我国事故应急救援的发展趋势是什么？

技能实训一：事故应急救援基本任务及发展趋势分析讨论

一、实训目标

1. 要求学生结合本章所学知识，对事故应急救援基本任务和发展趋势，提出自己的观点。

2. 提高学生分析解决问题的能力。

二、任务描述

根据本章所学的事故应急救援概述各方面内容，提出自己对事故应急救援基本任务和发展趋势的认识和看法，并进行辩论。

三、任务准备

1. 对学生提前分组，布置讨论任务，提前进行讨论准备。

2. 准备多媒体教室，各组提前准备好发言资料。

四、知识要点

1. 事故应急救援任务。

2. 事故应急救援发展趋势。

五、实训过程

1. 在多媒体教室集中，按照先前的任务准备，要求学生准备发言。

2. 由任课教师布置讨论规则。

3. 每小组现场发言。

4. 其他小组有针对性地提问，进行辩论。

5. 各组轮流进行。

6. 教师总结。

六、注意事项

实践讨论过程一定要按照教师要求进行，有疑问必须及时提出。

七、总结与思考

1. 你认为应急救援基本任务中哪些是最迫切需要完成的？为什么？

2. 你认为应急救援政府主导与市场主导哪个更好？为什么？

第二章
事故应急救援体系

本章学习目标

1. 知识目标

掌握事故应急救援组织体系内容；熟悉应急救援运行机制；熟悉相关应急救援法律、法规；熟悉应急救援保障系统组成。

2. 技能目标

具备应急救援基本管理能力。

第一节　事故应急救援组织体系

组织体系是应急救援体系的基础之一，根据《全国安全生产应急救援体系总体规划方案》的要求，通过建立和完善应急救援的管理决策层、协调指挥系统及应急救援队伍，形成完整的全国事故应急救援组织体系，如图 2—1 所示。

一、事故应急救援管理机构

按照统一领导、分级管理的原则，全国事故应急救援管理机构主要由国务院安全生产委员会及其办公室、国务院有关部门、地方各级人民政府组成。

1. 国务院安全生产委员会

国务院安全生产委员会旨在加强对全国安全生产工作的统一领导，促进安全生产形势的稳定好转，保护国家财产和人民生命安全，主要是在国务院领导下，负责研究部署、指导协调全国安全生产工作；研究提出全国安全生产工作的重大方针政策；分析全国安全生产形势，研究解决安全生产工作中的重大问题；必要时，协调总参谋部和武警总部调集部队参加特大生产安全事故应急救援工作；完成国务院交办的其他安全生产工作。

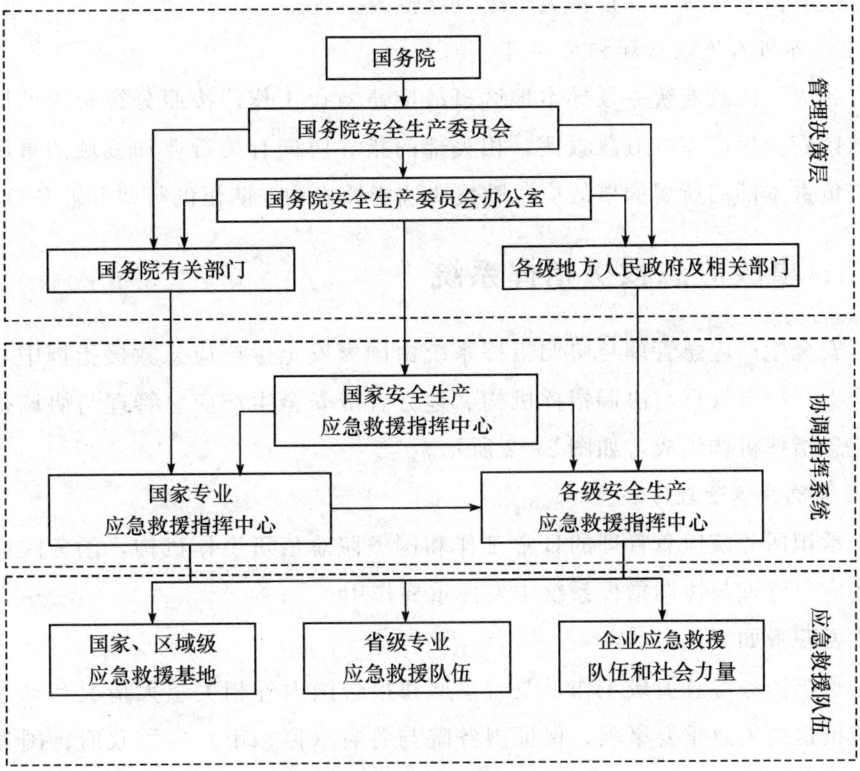

图 2—1　事故应急救援体系

2. 国务院安全生产委员会办公室

安全生产委员会办公室是安委会的办事机构。安全生产委员会办公室设在国家安全生产监督管理总局（以下简称安全监管总局），办公室主任由安全监管总局局长兼任。

安全生产委员会办公室主要职责是：研究提出安全生产重大方针政策和重要措施的建议；监督检查、指导协调国务院有关部门和各省、自治区、直辖市人民政府的安全生产工作；组织国务院安全生产大检查和专项督查；参与研究有关部门在产业政策、资金投入、科技发展等工作中涉及安全生产的相关工作；负责组织国务院特别重大事故调查处理和办理结案工作；组织协调特别重大事故应急救援工作；指导协调全国安全生产行政执法工作；承办安全生产委员会召开的会议和重要活动，督促、检查安全生产委员会会议决定事项的贯彻落实情况；承办安全生产委员会交办的其他事项。

3. 国务院有关部门

国务院有关部门在各自职责范围内领导有关行业或领域的事故应急救援管理和应急救援工作，监督检查、指导协调有关行业和领域的事故应急救援工作，负责本部门所属的事故应急救援协调指挥机构、队伍的行政和业务管理，协调和指挥本行业或领域应急救援队伍和资源参加重特大事故应急救援。

4. 地方各级人民政府和相关部门

地方各级人民政府统一领导本地区事故应急救援工作，按照分级管理的原则统一指挥本地区安全生产事故应急救援，相关部门指导协调有关行业和领域的事故应急救援工作，负责本部门所属的事故应急救援协调指挥机构、队伍的行政和业务管理。

二、事故应急救援指挥系统

全国安全生产应急管理与协调指挥系统由国家安全生产应急救援指挥中心、有关专业安全生产应急管理与协调指挥机构、地方各级安全生产应急管理与协调指挥机构与现场应急指挥机构组成，如图 2—2 所示。

1. 国务院应急管理办公室

作为承担国务院应急管理的日常工作和国务院总值班工作机构，国务院应急管理办公室在应急管理与协调指挥系统中发挥重要作用。

其主要职责如下：

(1) 承担国务院总值班工作，及时掌握和报告国内外相关重大情况和动态，办理向国务院报送的紧急重要事项，保证国务院与各省（区、市）人民政府、国务院各部门联络畅通，指导全国政府系统值班工作。

(2) 办理国务院有关决定事项，督促落实国务院领导批示、指示，承办国务院应急管理的专题会议、活动和文电等工作。

(3) 负责协调和督促检查各省（区、市）人民政府、国务院各部门应急管理工作，协调、组织有关方面研究提出国家应急管理的政策、法规和规划建议。

(4) 负责组织编制国家突发公共事件总体应急预案和审核专项应急预案，协调指导应急预案体系和应急体制、机制、法制建设，指导各省（区、市）人民政府、国务院有关部门应急体系、应急信息平台建设等工作。

(5) 协助国务院领导处置特别重大突发公共事件，协调指导特别重大和重大突发公共事件的预防预警、应急演练、应急处置、调查评估、信息发布、应急保障和国际救援等工作。

(6) 组织开展信息调研和宣传培训工作，协调应急管理方面的国际交流与合作。

(7) 承办国务院领导交办的其他事项。

2. 国家安全生产应急救援指挥中心

根据中央机构编制委员会的有关文件规定，国家安全生产应急救援指挥中心为国务院安全生产委员会办公室领导、国家安全生产监督管理总局管理的事业单位，履行全国安全生产应急救援综合监督管理的行政职能，按照国家安全生产突发事件应急预

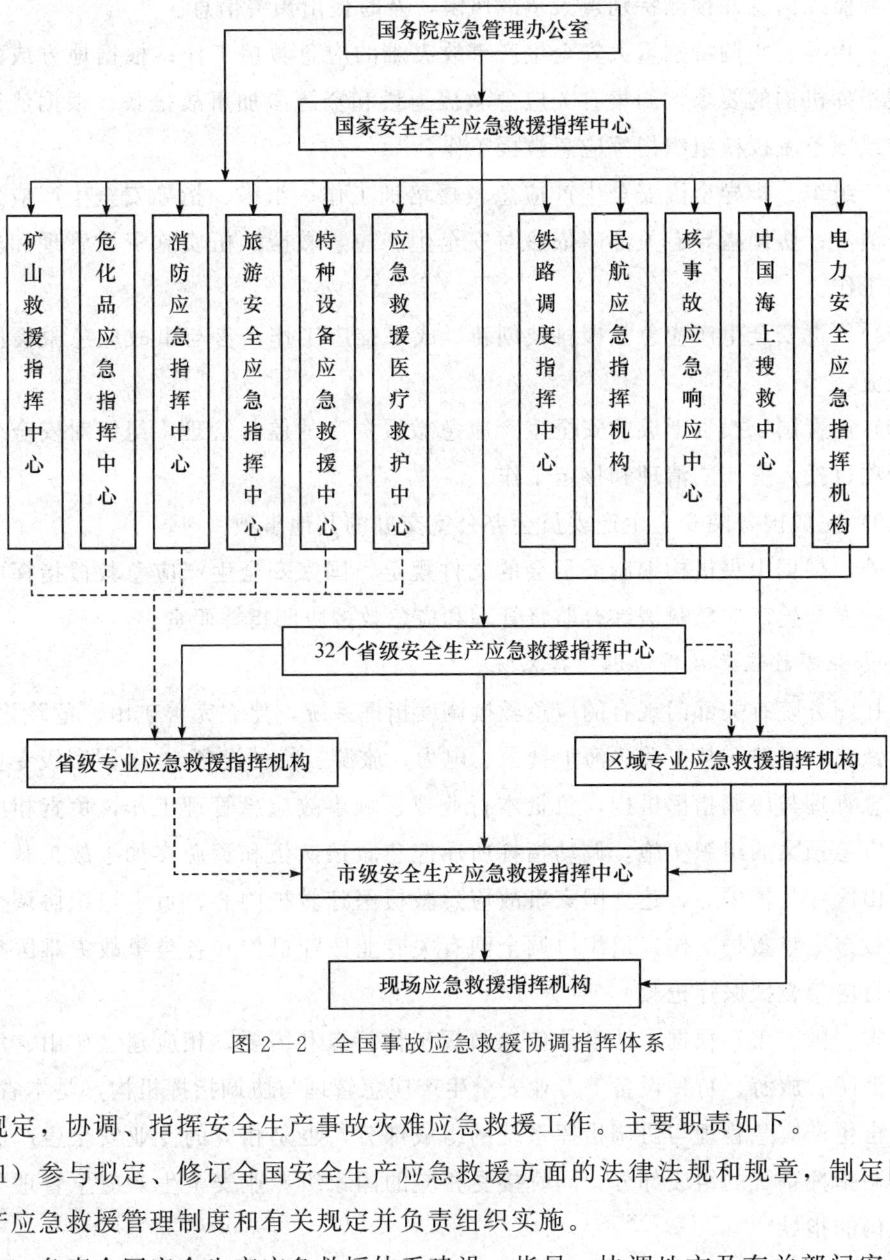

图 2—2　全国事故应急救援协调指挥体系

案的规定，协调、指挥安全生产事故灾难应急救援工作。主要职责如下。

（1）参与拟定、修订全国安全生产应急救援方面的法律法规和规章，制定国家安全生产应急救援管理制度和有关规定并负责组织实施。

（2）负责全国安全生产应急救援体系建设，指导、协调地方及有关部门安全生产应急救援工作。

（3）组织编制和综合管理全国安全生产应急救援预案。对地方及有关部门安全生产应急预案的实施进行综合监督管理。

（4）负责全国安全生产应急救援资源综合监督管理和信息统计工作，建立全国安全生产应急救援信息数据库，统一规划全国安全生产应急救援通信信息网络。

（5）负责全国安全生产应急救援重大信息的接收、处理和上报工作。负责分析重大危险源监控信息并预测特别重大事故风险，及时提出预警信息。

（6）指导、协调特别重大安全生产事故灾难的应急救援工作；根据地方或部门应急救援指挥机构的要求，调集有关应急救援力量和资源参加事故抢救；根据法律法规的规定或国务院授权组织指挥应急救援工作。

（7）组织、指导全国安全生产应急救援培训工作；组织、指导安全生产应急救援训练、演习；协调指导有关部门依法对安全生产应急救援队伍实施资质管理和救援能力评估工作。

（8）负责安全生产应急救援科技创新、成果推广工作；参与事故应急救援国际合作与交流。

（9）负责国家投资形成的安全生产应急救援资产的监督管理，组织对安全生产应急救援项目投入资产的清理和核定工作。

（10）完成国务院安全生产委员会办公室交办的其他事项。

另外，根据中央机构编制委员会的文件规定，国家安全生产应急救援指挥中心经授权履行安全生产应急救援综合监督管理和应急救援协调指挥职责。

3. 专业事故应急救援协调指挥系统

依托国务院有关部门现有的应急救援调度指挥系统，建立完善矿山、危险化学品、消防、铁路、民航、核工业、海上搜救、电力、旅游、特种设备10个国家级专业安全生产应急管理与协调指挥机构，负责本行业或领域事故应急管理工作，负责相应的国家专项应急预案的组织实施，调动指挥所属应急救援队伍和资源参加事故抢救。依托国家矿山医疗救护中心，建立国家事故应急救援医疗救护中心，负责组织协调全国事故应急救援医疗救护工作，组织协调全国有关专业医疗机构和各类事故灾难医疗救治专家进行应急救援医疗抢救。

各省（区、市）根据本地事故应急救援工作特点和需要，相应建立矿山、危险化学品、消防、旅游、特种设备等专业安全生产应急管理与协调指挥机构，是本省（区、市）安全生产应急管理与协调指挥系统的组成部分，也是相应的专业安全生产应急管理与协调指挥系统的组成部分，同时接受相应的国家级专业安全生产应急管理与协调指挥机构的指导。

国务院有关部门根据本行业或领域事故应急救援工作的特点和需要建立海上搜救、铁路、民航、核工业、电力等区域性专业应急管理与协调指挥机构，是本行业或领域专业事故应急救援管理与协调指挥系统的组成部分，同时接受所在省（区、市）事故应急救援管理与协调指挥机构的指导，也是所在省（区、市）事故应急救援管理与协调指挥系统的组成部分。

（1）矿山和危险化学品事故应急救援管理与协调指挥系统由国家安全生产应急救援指挥中心和各省（区、市）安全生产监督管理部门建立的事故应急救援指挥机构、市（地）及重点县（区）事故应急救援指挥机构组成。

（2）消防应急管理与协调指挥系统由公安部设立的国家消防应急救援指挥中心和县级以上地方人民政府公安部门设立的消防应急救援指挥机构构成。

（3）中国民用航空局设立国家民航应急指挥机构，北京、上海、广州、成都、沈阳、西安和乌鲁木齐 7 个地区民航管理局设立区域搜寻救援协调中心和全国各机场设立的应急救援指挥中心，形成全国民航三级搜寻救援管理与协调指挥系统。

（4）国家国防科技工业局（简称国防科工局）设立国家核应急响应中心，广东、浙江、江苏三个核电厂所在的省和北京、四川、甘肃、内蒙古、辽宁、陕西 6 个核设施集中的省（区、市）建立的核应急救援指挥中心，核电厂营运单位设立的核应急响应中心，构成三级核应急管理与协调指挥系统。

（5）交通运输部设立的中国海上搜救中心，与辽宁、河北、天津、山东、江苏、上海、浙江、福建、广东、广西、海南 11 个沿海省（区、市）设立的区域海上搜救指挥中心和在武汉设立的长江水上搜救指挥中心，形成全国水上搜救管理与协调指挥系统。

（6）国家电力监管委员会设立电力安全应急救援指挥机构，在电网企业和各级电力调度机构基础上建立全国电力安全应急管理与协调指挥组织体系。

（7）国家旅游局建立中国旅游应急救援指挥中心，31 个省（区、市）设立省级旅游应急救援中心，194 个优秀旅游城市设立旅游应急救援中心，形成全国旅游安全应急救援协调指挥机构。

（8）国家质量监督检验检疫总局建立特种设备应急协调指挥机构，与地方各级质监部门的应急协调指挥机构、检测检验机构构成全国特种设备事故应急协调指挥系统，与国家安全生产应急救援指挥中心建立通信信息网络联系，实现应急救援信息共享、统一协调指挥。

（9）国家安全生产监督管理总局在国家矿山医疗救护中心基础上设立国家事故应急救援医疗救护中心，依托 32 个省级卫生部门的医疗救治中心和特殊行业（领域）的事故应急救援医疗救护中心，形成全国事故应急救援医疗救护协调调度系统，掌握和协调专业的医疗救护资源，配合事故应急救援开展医院前的现场急救。既是全国事故应急救援体系组成部分，也是全国医疗卫生救治体系中的一个专业医疗救护体系，接受国家卫生和计划生育委员会的指导。

4. 地方安全生产应急协调指挥系统

全国 32 个省（区、市）建立安全生产应急救援指挥中心，在本省（区、市）人民政府及其安全生产委员会领导下负责本地安全生产应急管理和事故灾难应急救援协同指挥工作。

各省（区、市）根据本地实际情况和事故应急救援工作的需要，建立有关专业安全生产应急协调指挥机构，或依托国务院有关部门设立在本地的区域性专业应急管理与协调指挥机构，负责本地相关行业的安全生产应急协调指挥工作。

在全国各市（地）规划建立市（地）级安全生产应急协调指挥机构，在当地政府的领导下负责本地事故应急救援工作，并与省级专业应急救援指挥机构和区域级专业应急救援指挥机构相协调，组织本地安全生产事故应急救援。

市（地）级专业安全生产应急协调指挥机构的设立，以及县级地方政府安全生产应急协调指挥机构的设立，由各地方政府根据实际情况确定。

5. 现场指挥系统的组织结构

重大事故的现场情况往往十分复杂，且汇集了各方面的应急力量与大量的资源，应急救援行动的组织、指挥和管理成为重大事故应急工作所面临的一个严峻挑战。

应急过程中存在的主要问题有：太多的人员向事故指挥官汇报；应急响应的组织结构各异，机构间缺乏协调机制，且术语不同；缺乏可靠的事故相关信息和决策机制，应急救援的整体目标不清或不明；通信不兼容或不畅；授权不清或机构对自身现场的任务、目标不清。

对事故事态的管理方式决定了整个应急行动的效率。为保证现场应急救援工作的有效实施，必须对事故现场的所有应急救援工作实施统一的指挥和管理，即建立事故应急指挥系统，形成清晰的指挥链，以便及时地获取事故信息，分析和评估事态，确定救援的优先目标，决定如何实施快速、有效的救援行动和保护生命的安全措施，指挥和协调各方应急力量的行动，高效地利用可获取的资源，确保应急决策的正确性和应急的整体性、有效性。

事故应急指挥系统目的是在标准的结构下，将设施、设备、人员、程序和通信连为一个整体，提高事故管理的效率与质量。事故应急指挥系统是一个通用模板，不仅适用于组织短期事故现场行动，还适用于长期应急管理行为，从单纯事故到复杂事故，从自然灾害到人为事故均适用。应急指挥系统适用于各级政府、各领域和行业，以及多数企事业单位，广泛适用于包括恐怖袭击在内的各类突发公共安全事件。现场应急指挥系统的结构应当在紧急事件发生前就已建立，预先对指挥结构达成一致意见，将有助于保证应急各方明确各自的职责，并在应急救援过程中更好地履行职责。应急指挥模式按照事故性质与规模大致可以划分为三种类型：单一应急指挥、区域应急指挥和联合应急指挥。这三种应急指挥模式也不是一成不变的，可单独存在，也可互相结合，如多起事故并发、影响性质严重、波及范围广泛时，则可采用区域联合指挥，以提高应急指挥效率和质量。

无论哪种类型或哪个级别应急指挥，其组织机构基本原型都可以由指挥部、行动部、策划部、后勤部和财政/行政部五部分核心应急响应职能组成，如图 2—3 所示。这是构成应急指挥系统的基本要素并具有特定的功能。

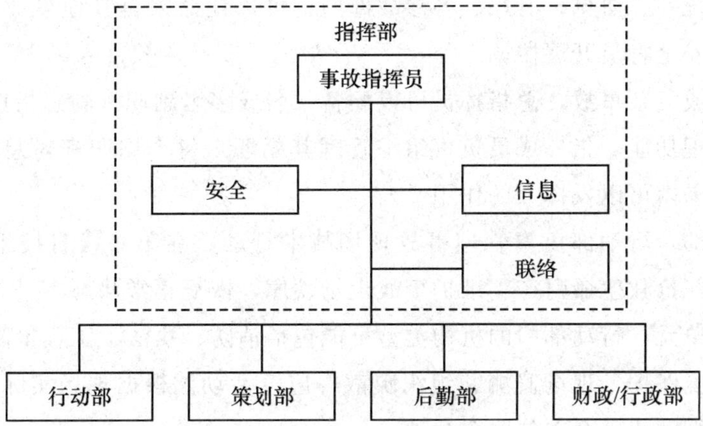

图 2—3　现场应急指挥系统结构

（1）指挥部。事故应急指挥成员包括事故指挥员和各类专职岗位。

事故指挥员主要职责如下：实施应急指挥；协调有效地通信；协调资源分配；确定事故优先级；建立相互一致的事故目标及批准应急策略；将事故目标落实到响应机构；审查和批准事故行动计划；确保整个响应组织与事故指挥系统融为一体；建立内外部协议；确保响应人员与公众的健康、安全和沟通媒体等。

专职岗位是指直接向事故应急指挥员负责并在指挥部门内负责专门事务的岗位，在特殊情况下，有权处理一些事先并未预测到的重大问题。事故应急指挥系统中主要有公共信息官员、安全官员和联络官员三类专职岗位。

公共信息官员负责与公众或媒体沟通，以及与其他相关机构交流事故信息。公共信息官员准确而有序地报告有关事故原因、规模和现状的信息，还包括资源使用状况等内外部需要的一般信息。公共信息官员要发挥监督公共信息的重要作用。无论是哪一类指挥机构，仅能任命唯一的公共信息官员。所有事故重要信息的发布必须经事故指挥员批准。

安全官员负责监测事故行动并向事故指挥员提出关于行动安全的建议，包括应急响应人员的安全与健康。安全官员直接对事故应急指挥负责，安全问题最终由各级事故指挥员负责。在应急行动过程中，安全官员有权制止或防止危及生命安全行为。在应急指挥系统内，无论有多少机构参与，仅任命唯一的安全官员，联合指挥结构下其他部门或机构可以根据需要委派安全官员助手。行动部门领导和策划部门领导，必须在应急响应人员安全与健康问题上与安全官员密切配合。

联络官员是应急指挥系统与其他机构，包括政府机构、非政府机构和企事业单位等的连接点。联络官员征求并收集参加应急救援各个功能负责单位和支援单位意见，及时向指挥员报告，同时也把指挥的战略、战术意图传达给各参战单位，使所有应急救援行为更加统一、协调、有序。各参战部门也可以任命来自其他事故处理部门的助手或人员协调安全官员开展协调工作。

针对大型或复杂事故，总指挥员可以配备一名或多名副职（副总指挥），协助指挥员行使应急管理功能。指挥成员负责组织管理其副职，每个副职都对总指挥负责，在其指定权力范围内可以发挥大的作用。

（2）行动部。行动部负责管理事故现场战术行动，在第一线直接组织现场抢险，减少各类危害，抢救生命财产，维护事故现场秩序，恢复正常状态。

以功能为单元，行动部门的机构类型可能包括消防、执法、工程抢险、医疗救护、卫生防疫、环境保护、现场监测和组织疏散等应急活动。根据现场实际情况，可采用一个单位独立行动或几个单位联合行动。

根据事故的类型、参与机构、事故应急目标等情况，事故行动部可以采用多种组织与执行方式，也可以根据辖区的便捷和范围来选择对应的组织方式。

当应急活动或资源协调超出行动部管理的范围时，则应在行动部之下建立分片、分组或分部。分片是根据地理分界线来划分事故应急区域。分组则根据事故执行任务的实际活动划分出负责某些具体行动的功能组别。出现以下三种情况时，应考虑建立分部。

一是分片或分组数量和任务超出行动部领导控制范围，分部之下再配备相应的分片或分组。

二是可以根据事故性质设置功能分部。例如，如果大型的飞行器在城市坠落，城市的各部门（包括警察、消防、应急服务、公共卫生服务）均应建立功能分部，在统一行动指挥的指挥下行动。一般这类事故的行动部领导来自消防部，副手来自警察、公共卫生部。

三是事故已扩散到多个区域。在事故涉及多辖区情况下，可能要求国家、省、市、社区或企事业单位建立各自分部并在统一行动指挥下联合响应。

（3）策划部。策划部负责收集、评价、传输事故相关的战略信息。该部门应掌握最新情报，了解战略发展变化态势和事故应急救援现状与分配情况。策划部门的功能是制定应急活动方案和事故指挥地图。应在指挥员批准后下达到相关应急功能单位。策划部一般是由部门领导、资源配置计划、现状分析、文件管理、撤离善后和技术支持这 6 个基本单位组成。

策划部领导组织和监督所有事故相关的资料收集和分析工作，提出替代战略行动、指导策划会议、制定各行动期间应急活动方案。

资源配置计划单位负责提出有关人员、队伍、设施、供给、物资材料和主要设备的需求计划；确认所分配资源的最新位置与使用现状；制定当前和下期行动所有资源的管理清单。

现状分析单位负责收集、处理和组织管理现状信息；准备现状概述报告；提出事故有关工作的未来发展方向；准备地图等资料；收集并传输用于应急活动方案的信息与情报。

文件管理单位负责准确而完整地保存事故文件，包括解决事故应急问题重大步骤的完整记录；为事故应急人员提供文件资料复制服务；归档、维护并保存文件，以备法律、事故分析和留作历史资料之用。

撤离善后单位负责制订事故解散计划，具体指示所有人员采取善后行动。该单位应在事故的一开始就开展工作。一旦事故善后计划获得批准，善后单位确保将计划通知到现场及其他有关部门，并指导监督其实施。

技术支持可由专家组（群）和专业技术支撑单位两部分组成。根据事故风险分析的需求选择各专业领域，包括气象、消防、急救、环境、防疫、化学和法律等各类技术专家。依据事故应急管理需要，请专家参加策划部的工作，也可作为总指挥的顾问。另外，还应选择一些专业科技单位作为技术支撑单位，包括一些防灾中心和安全科技研究院。

（4）后勤部。后勤部支持所有的事故应急资源需求，包括通过采购部门订购资源，向事故应急人员提供后勤支持和服务。后勤部一般由领导、供应、食品、运输、设施、通信、医疗 7 个部门组成。

供应单位负责订购、接收、储存和处理事故应急资源与人力和供应。供应单位为所有的需求部门提供支持。供应单位还处理工具的运送，包括所有工具和便携式非消耗性设备的储存、支付和服务。

装备与设施单位负责建立、保持和解散用于事故应急行动的设施，并为事故应急行动提供必要的设施维护和保安服务支持。装备与设施单位还在事故区域和周边地区设立应急指挥工作站、基站和营地、移动房屋或其他形式的掩体。事故救援基地与营地往往设立在有现成建筑物的场所，可以部分或全部利用现有建筑。装备与设施单位还提供和建立应急人员必需生活设施。

交通运输支持单位工作主要包括维护并修复主要战略性设备、车辆、移动式地面支持设备。记录所有分配到事故工作的地面设施（包括合同设备）的使用时间；为所有移动设备提供燃料；提供支持事故应急行动交通工具；制订并实施事故交通计划，维持并保证交通顺畅有序。

通信单位制订通信计划，以提高通信设备与设施使用效率，安装和检测所有通信设备，监督并维护事故通信中心，向个人分配并修复通信设备，在现场对设备进行维护与维修。通信单位的主要责任之一是为应急指挥系统进行有效的通信策划。尤其是在多机构参与事故应急时，这类策划对无线网的建立机构间频率的分配、确保系统的相容性、优化通信能力都非常有意义。通信单位领导应参与所有的事故策划会议，确保通信系统能支持下一步行动期间的战略性行动。如无特殊情况，无线通信不得使用代码，避免复杂词汇或噪声引发的误解，降低出错的概率。

大型事故的无线通信网络通常可按下列要求组建五大网络。

指挥网络：将各有关方联系起来，包括事故指挥、指挥人员、部门领导、分管主任、分片和分组监督人员等。

战略性网络：建立几个战术性网络，将各机构、部门和地理区域、具体功能单位联系起来。应建立网络联合策划，通信单位领导应制订总体计划以保证网络运行。

支持网络：主要用来处理资源现状的变化，但也可能处理后勤方面的要求或外部支持的要求。

地面—空中网络：协调地面、空中交通，建立专项战略性频率或常规战略性网络。

空中—空中网络：事前往往预先设计并指定空对空网络。

食品供应单位确定食品和水的需求，尤其是在事故扩大范围很大时更为重要。食品供应单位必须能够预测事故需求，包括饮食的人员数量、类型、地点，或因为事故复杂性而对食品的特殊要求。该单位应为事故应急响应全过程提供食品服务，包括所有的偏远地点（如营地和集结区域），以及向不能离开岗位的行动人员提供饮食。食品单位应密切保持与其他策划、供应和交通运输等有关部门联系。为确保食品安全，饮食服务前与服务中必须仔细检查和监测，包括请公共卫生、环境卫生和检验安全专家参与。

医疗单位的主要责任包括：为事故人员制订事故医疗计划；制定事故人员重大医疗紧急处理程序；提供 24 h 持续医护，包括对事故人员提供接种免疫和对带菌者预控；提供职业卫生、预防、精神健康服务；为事故受伤人员提供交通服务；确保从起点到最终处置点，全过程跟踪护送事故伤员，帮助处理人员受伤或死亡的文字登记工作；协调人员死亡时的人事和丧葬工作。

(5) 财政/行政部。事故管理活动需要财务和行政服务支持时，必须建立财政/行政部。对于大型复杂事故，征集来自多个机构的大量资金运作，财政/行政部则是应急指挥系统的一个关键部门，为各类救援活动提供资金。该部门领导必须向指挥员跟踪报告财物支出的进展情况，以防指挥员预测额外开支，以防造成不良后果。该部门领导还应监督开支是否符合法纪规定，注意与策划及后勤部紧密配合，行动记录应与财务档案一致。

当事故的强度与范围都较小或救援活动比较单一时，不必建立专门的财政/行政部，可在策划时设一位专业人员行使这方面的职能。

三、事故应急救援队伍系统

根据矿山、石油化工、铁路、民航、核工业、水上交通、旅游等行业领域的特点、危险源分布情况，通过整合资源、调整区域分布、补充人员和装备，形成以企业应急救援力量为基础，以国家级区域专业应急救援基地和地方骨干专业队伍为中坚力量，以应急救援志愿者等社会救援力量为补充的安全生产应急救援队伍体系。

全国事故应急救援队伍体系主要包括以下四个方面：

1. 国家级区域应急救援基地

依托国务院有关部门和有关大中型企业现有的专业应急救援队伍进行重点加强和完善，建立国家安全生产应急救援指挥中心管理指挥的国家级综合性区域应急救援基地、国家级专业应急救援指挥中心管理指挥的专业区域应急救援基地，保证特别重大安全生产事故灾难应急救援和实施跨省（区、市）应急救援的需要。

2. 骨干专业应急救援队伍

根据有关行业或领域事故应急救援的需要，依托有关企业现有的专业应急救援队伍进行加强、补充、提高，形成骨干救援队伍，保证本行业或领域重特大事故应急救援和跨地区实施救援的需要。

3. 企业的应急救援队伍

各类企业严格按照有关法律、法规和标准的规定建立专业应急救援队伍，或按规定与有关专业救援队伍签订救援服务协议，保证企业自救能力。鼓励企业应急救援队伍扩展专业领域，向周边企业和社会提供救援服务。企业应急救援队伍是事故应急救援队伍体系的基础。

4. 社会救援力量

引导、鼓励、扶持社区建立由居民组成的应急救援组织和志愿者队伍，事故发生后能够立即开展自救、互救，协助专业队伍展开救援；鼓励各种社会组织建立应急救援队伍，按市场运作的方式展开事故应急救援，作为安全生产应急救援队伍的补充。

矿山、危化品、电力、特种设备等行业领域的事故灾难，应充分发挥本行业（领域）的专家作用，以相关专业救援队伍、企业救援队伍和社会力量展开应急救援。通过事故所属专业安全生产应急管理与协调指挥机构和相关安全生产应急管理与协调指挥机构建立的业务及通信信息网络联系，调集相关专业队伍实施救援。

各级各类应急救援队伍承担所属企业（单位）及有关管理部门划定区域内的安全生产事故灾难应急救援工作，并接受当地政府和上级安全生产应急管理与协调指挥机构的协调指挥。

第二节　事故应急救援运行机制

一、事故应急运作机制

应急运作机制主要由统一指挥、分级响应、属地为主和公众动员这 4 个基本机制组成。

统一指挥是应急活动的最基本原则。应急指挥一般可分为集中指挥与现场指挥，或场外指挥与场内指挥等。无论采用哪一种指挥系统，都必须实行统一指挥的模式，无论应急救援活动涉及单位的行政级别高低和隶属关系有何不同，都必须在应急指挥部的统一组织协调下行动，有令则行，有禁则止，统一号令，步调一致。

分级响应是指在初级响应到扩大应急的过程中实行的分级响应的机制。扩大或提高应急级别的主要依据是事故灾难的危害程度、影响范围和控制事态能力。影响范围和控制事态能力是“升级”的最基本条件。扩大应急救援主要是指提高指挥级别、扩大应急范围等。

属地为主强调“第一反应”的思想和以现场应急指挥为主的原则。在国家的整个应急救援体系中，地方政府和地方应急力量是开展事故应急救援工作的主力军，地方政府应充分调动地方应急资源和力量开展应急救援工作。现场指挥以地方政府为主，部门和专家参与，充分发挥企业的自救作用。

公众动员是应急机制的基础，也是整个应急体系的基础，是指在应急体系的建立及应急救援过程中要充分考虑并依靠民间组织、社会团体及个人力量，营造良好的社会氛围，使公众都参与到救援过程中，人人都成为救援体系的一部分。当然这并不是要求公众去承担事故应急救援任务，而是希望充分发挥社会力量的基础性作用，建立健全组织和动员人民群众参与应对事故灾难的有效机制，增强公众防灾减灾意识，在条件允许的情况下发挥应有的作用。

按照统一指挥、分级响应、属地为主、公众动员的原则，建立应急管理、应急响应、经费保障和有关管理制度等关键性运行机制，形成统一指挥、反应灵敏、协调有序、运转高效的应急管理工作机制，以保障应急救援体系运转高效、反应灵敏、取得良好的救援效果。

二、事故应急响应机制

重大事故应急救援体系应根据事故的性质、严重程度、事态发展趋势和控制能力实行分级响应机制，对不同的响应级别，相应地明确事故的通报范围、应急中心的启动程度、应急力量的出动和设备、物资的调集规模、疏散的范围、应急总指挥的职位等。典型的响应级别通常可分为以下三级。

1. 一级紧急情况（Ⅰ级响应）

必须利用所有有关部门及一切资源的紧急情况，或者需要各个部门同外部机构联合处理的各种紧急情况，通常要宣布进入紧急状态。在该级别中，做出主要决定的职责部门通常是紧急事务管理部门。现场指挥部可在现场做出保护生命和财产及控制事态所必需的各种决定。

2. 二级紧急情况（Ⅱ级响应）

需要两个或更多的部门响应的紧急情况。该事故的救援需要有关部门的协作，并且提供人员、设备和其他资源。该级响应需要成立现场指挥部来统一指挥现场的应急救援行动。

3. 三级紧急情况（Ⅲ级响应）

能被一个部门正常可利用的资源处理的紧急情况。正常可利用的资源指在该部门权力范围内通常可以利用的应急资源，包括人力和物力等。必要时，该部门可以建立一个现场指挥部，所需的后勤支持、人员或其他资源增援由本部门负责解决。

事故应急救援体系的应急响应程序按过程可分为接警、响应级别确定、应急启动、救援行动、应急恢复和应急结束等几个阶段，如图 2—4 所示。

（1）接警与响应级别确定。接到事故报警后，按照工作程序，对警情做出判断，初步确定响应的响应级别。如果事故不足以启动应急救援体系的最低响应级别，响应关闭。

（2）应急启动。应急响应级别确定后，按所确定的响应级别启动应急程序，如通知应急中心有关人员到位、开通信息与通信网络、通知调配救援所需的应急资源（包括应急队伍和物资、装备等）、成立现场指挥部等。

（3）救援行动。有关应急队伍进入事故现场后，迅速开展事故侦测、警戒、疏散、人员救助、工程抢险等有关应急救援工作，专家组为救援决策提供建议和技术支持。当事态超出相应级别无法得到有效控制时，向应急中心请求实施更高级别的应急响应。

（4）应急恢复。救援行动结束后，进入临时应急恢复阶段。该阶段主要包括现场清理、人员清点和撤离、警戒解除、善后处理和事故调查等。

（5）应急结束。执行应急关闭程序，由事故总指挥宣布应急结束。

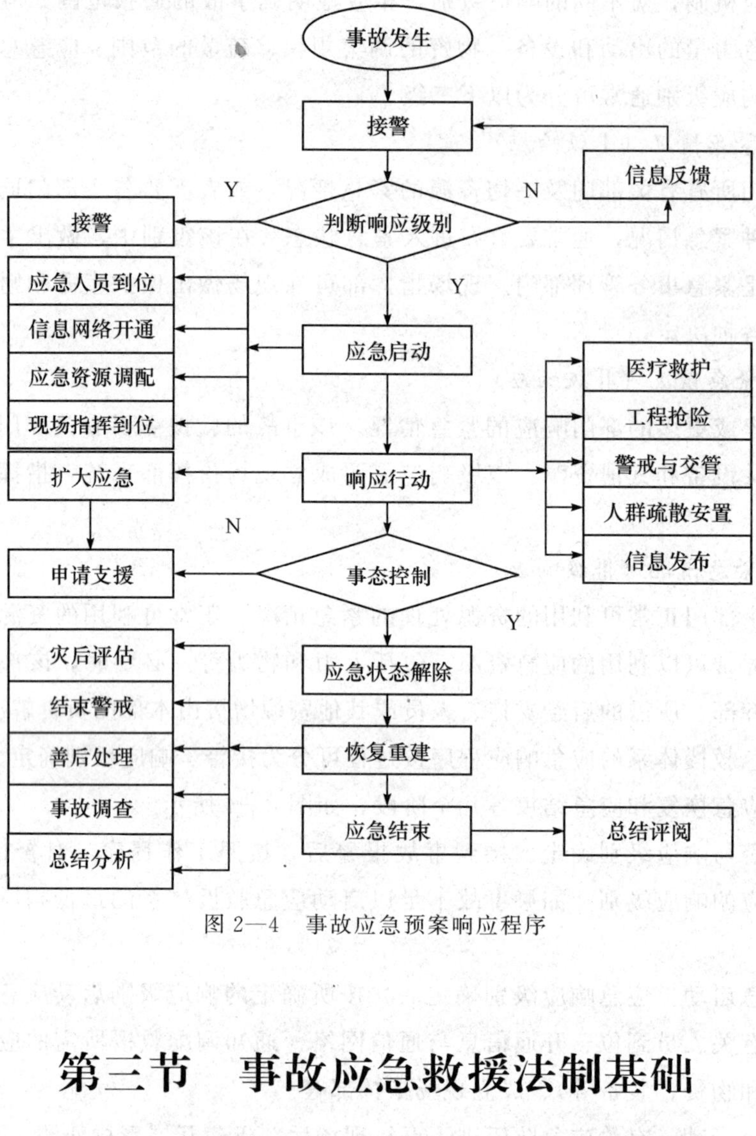

图 2—4　事故应急预案响应程序

第三节　事故应急救援法制基础

事故应急管理的目的在于：负责保护本国公民免遭各种灾害、灾难、危害、威胁和攻击。在 20 世纪 50 年代和 60 年代，事故应急管理有其明显的政治背景。20 世纪 70 至 90 年代，潜在危险主要来自社会冲突、恐怖组织袭击、自然灾害和生产事故灾难。近年来，越来越多的社会危险因素刺激了突发事件和灾害的发生，事故灾害逐渐成为国家安全和公共安全所考虑的主要问题。在处理自然灾害和生产事故灾难时，各国政府一直通过媒体使公众了解遇到紧急情况时该如何处置，由此加快事故应急管理法规体系的建设。

我国是一个事故灾难等较多的国家。各种事故的频繁发生，给人民群众的生命财产造成了巨大损失。党和国家历来高度重视事故应对工作，采取了一系列措施，建立了许多应急管理制度。改革开放后，特别是近些年来，国家高度重视事故应急救援的法制建设，并取得了显著成绩。

一、事故应急救援管理的法律、法规

1. 主要法律法规建设

我国应急管理法制体系属条、块结合型，中央人民政府，省、市、县、镇（区）人民政府的纵向应急管理与地方行政区域（县、镇、社区）的各管理局的横向管理结合构成具有中国特色的应急管理法制体系。国家级的应急管理立法有《中华人民共和国突发事件应对法》《中华人民共和国安全生产法》《中华人民共和国消防法》《中华人民共和国港口法》《中华人民共和国公路法》《中华人民共和国食品安全法》《中华人民共和国道路交通安全法》《中华人民共和国矿山安全法》《生产安全事故报告和调查处理条例》《企业安全生产应急管理九条规定》《国家突发公共事件总体应急预案》《国家安全生产事故灾难应急预案》等国家专项、国务院部门应急预案80余项。在《中华人民共和国突发事件应对法》出台之前，普遍存在的问题是在安全生产管理的法规中设置应急救援管理的内容。这说明应急管理尚没有单独形成自己的独立体系。

2005年7月22—23日，国务院在北京召开全国应急管理工作会议。前国务院总理温家宝出席会议，并发表重要讲话，强调全面履行政府职能建设管理好应急体系。强化法治，依靠科技。要加快应急管理的法制建设，形成有中国特色的应急管理法制体系，把应急管理工作纳入规范化、制度化、法制化轨道。高度重视运用科技提高应对突发公共事件的能力，加强应急管理科学研究，提高应急装备和技术水平，加快应急管理信息平台建设，形成国家公共安全和应急管理的科技支撑体系。

2006年6月15日发布的《国务院关于全面加强应急管理工作的意见》对应急管理法制体系提出以下要求：健全应急管理法律法规。要加强应急管理的法制建设，逐步形成规范各类突发公共事件预防和处置工作的法律体系。抓紧做好突发事件应对法的立法准备工作和公布后的贯彻实施工作，研究制定配套法规和政策措施。国务院各有关部门要根据预防和处置自然灾害、事故灾难、公共卫生事件、社会安全事件等各类突发公共事件的需要，抓紧做好有关法律法规草案和修订草案的起草工作，以及有关规章、标准的修订工作。各地区要依据有关法律、行政法规，结合实际制定并完善应急管理的地方性法规和规章。

2. 事故应急救援法律法规层级框架

我国安全生产应急管理法律法规体系层级框架如图2—5所示，主要由以下五个层次构成。

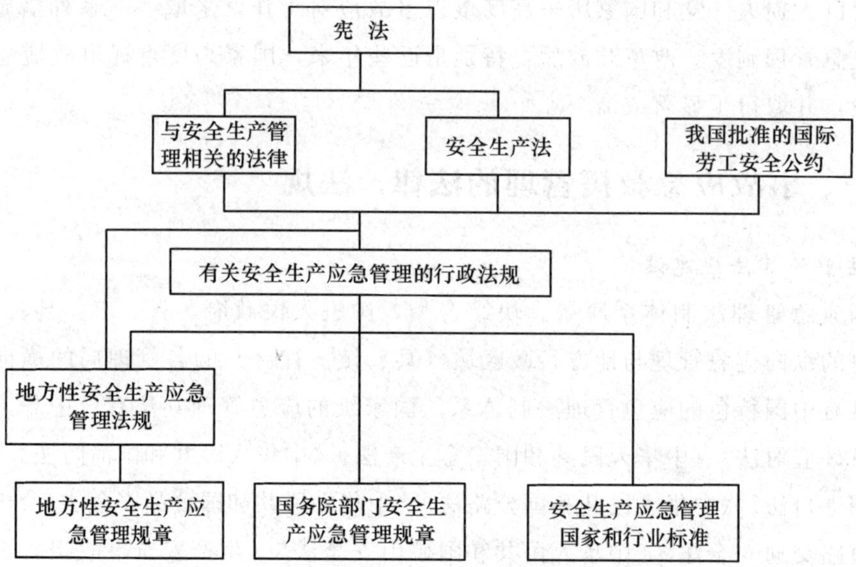

图 2—5　我国安全生产应急管理法律法规层级框架

（1）法律层面。《中华人民共和国宪法》（以下简称《宪法》）是我国生产法律的最高层级，《宪法》提出“加强劳动保护，改善劳动条件”的规定，是我国安全生产方面最高法律效力的规定。

（2）行政法规层面。国务院出台了《生产安全事故报告和调查处理条例》《烟花爆竹安全管理条例》《民用爆炸物品安全管理条例》《企业安全生产应急管理九条规定》《危险化学品安全管理条例》等行政法规，行政法规不断完善。

（3）地方性法规层面。地方政府应根据潜在事故灾难的风险性质与种类，结合应急资源的实际情况，制定相应的地方法规，对突发性事故应急预防、预备、响应和恢复等各阶段的制度和措施提出针对性的规定与具体要求。

（4）行政规章层面。行政规章包括部门规章和地方政府规章。有关部门应该根据有关法律和行政法规在各自权限范围内制定有关事故灾难应急管理的规范性文件，内容应是对具体管理制度和措施的进一步细化，说明详细的实施办法。各省（区、市）人民政府、省（区）人民政府所在地的市人民政府及国务院批准的计划单列市应根据有关法律、行政法规、地方性法规和本地实际情况，制定本地区关于事故灾难应急管理制度和措施的详细实施办法。

二、事故应急救援标准体系

应急救援标准体系是根据应急救援基本立法的要求，为贯彻国家有关应急救援管理的法规，按应急救援管理的性质功能、内在联系进行分级、分类，构成一个有机联系的整体。体系内的各种标准互相联系、互相依存、互相补充，具有很好的配套性和协调性。应急救援标准体系不是一成不变的，它与一定时期的技术经济水平及应急救援管理状况相适应，因此，它随着应急救援管理要求的提高而不断变化。我国现行应急救援标准尚未形成体系，主要分散在国家标准、行业标准和地方标准三个方面。

1. 国家标准

应急救援国家标准是在全国范围内统一的技术要求，是我国在建的应急救援标准体系中的主体。主要由国家安全生产综合管理部门、卫生部门组织制定，归口管理，强制性国家标准的代号为“GB”，推荐性国家标准的代号为“GB/T”。目前，已发布的部分有关应急救援国家标准名称和标准号见表2—1。

表2—1 部分有关应急救援国家标准名称和标准号

标准名称	标准号
《劳动能力鉴定 职工工伤与职业病致残等级》	GB/T 16180—2014
《事故伤害损失工作日标准》	GB/T 15499—1995
《常用危险化学品贮存通则》	GB 15603—1995
《临界事故报警设备》	GB/T 12787—1991
《危险化学品重大危险源辨识》	GB 18218—2009
《火灾自动报警系统设计规范》	GB 50116—2013
《有毒作业分级》	GB/T 12331—1990

2. 行业标准

行业标准是对没有国家标准而又需要在全国范围内统一制定的标准，是国家标准的补充。由安全生产行政管理部门及各行业部门制定并发布实施。有关应急救援的行业标准主要分布在公安消防（GA）、安全生产（AQ）、煤炭（MT）等行业标准中，部分标准名称和标准号见表2—2。

表2—2 行业标准中有关应急救援管理的部分标准名称和标准号

标准名称	标准号
《固定灭火系统驱动、控制装置通用技术条件》	GA 61—2010
《安全防范系统通用图形符号》	GA/T 74—2000
《灭火器维修与报废规程》	GA 95—2007
《安全防范系统验收规则》	GA 308—2001

3. 地方标准

根据《中华人民共和国标准化法》，对没有国家标准和行业标准而又需要在省、自治区、直辖市范围内统一的工业产品的安全、卫生要求，可以制定地方标准。地方标准由省、自治区、直辖市标准化行政主管部门制定，并报国务院标准化行政主管部门和国务院有关行政主管部门备案。在公布国家标准或者行业标准之后，该项地方标准即废止。地方应急救援标准是对国家标准和行业标准的补充，同时也为将来制定国家标准和行业标准打下了基础，创造了条件。

对于特殊情况而我国又暂无相对应的应急救援标准时，可采用国际标准。采用国际标准时，必须与我国标准体系进行对比分析或验证，应不低于我国相关标准或暂行规定的要求，并经有关安全综合管理部门批准。国家标准及行业标准中按标准对象特性分类，主要包括基础标准、产品标准、方法标准和卫生标准等。目前，地方标准中有关应急救援标准主要体现在产品标准方面，而且属于企业自定产品标准，不十分规范。

目前，应急救援管理地方标准中已形成系列的为各省质量技术监督局发布的设备泄漏处置作业指导书。例如，安徽省质量技术监督局发布《关于印发液氨液氯液化石油气设备泄漏处置作业指导书的通知》（皖质办函〔2006〕87 号），其标准名称和标准号见表 2—3。

表 2—3　质量技术监督局地方标准中有关应急救援管理的标准名称和标准号示例

标准名称	标准号
《液氨设备泄漏处置作业指导书》	TSYJ/Z 001—2006
《液氯设备泄漏处置作业指导书》	TSYJ/Z 002—2006
《液化石油气设备泄漏处置作业指导书》	TSYJ/Z 003—2006

为贯彻落实《中华人民共和国突发事件应对法》等国家有关应急救援的法规，应按照《中华人民共和国标准化法》的要求，对应急救援的功能、内在联系进行分级、分类，建立应急救援标准体系。把分散在国家标准、行业标准和地方标准中的有关应急救援标准，整理、修订、补充、完善和规范。类似 GBZ 标准，建立应急救援国家标准 GBY 体系。

第四节　事故应急救援保障系统

一、事故应急救援装备保障系统

为了保障事故应急救援的及时、有效，具备重大、复杂灾变事故的应急处置能力，必须建立相应事故应急救援装备保障系统，形成全方位的应急救援装备支持。

（1）中央政府、地方政府需要投资购置先进的、具备较高技术含量的救灾装备，储存于国家级、区域级等各级应急救援基地，用于支持重大复杂的应急救灾，实行严格的设备管理制度。

（2）相关部门要加大各专业应急救援队伍装备保障的投入，要根据法律、法规和规程要求，配备必要的救灾装备，并保障救灾装备的完好性。

（3）各企业必须按照国家法律法规和规程要求配置必需的应急装备和器材，保障相应的应急设备费用支出。

二、事故应急救援技术保障系统

1. 国家安全生产应急专家组

国家安全生产应急专家组是为安全生产应急管理重大决策和重要工作提供专业支持和咨询服务，为重特大生产安全事故、自然灾害救援提供技术支撑的高级技术专家队伍，包括对城市潜在重大危险的评估、应急资源的配备、事态及发展趋势的预测、应急力量的重新调整和部署、个人防护、公众疏散、抢险、监测、洗消、现场恢复等行动提出决策性的建议。

国家安全生产应急专家组的主要任务是：参与安全生产应急管理方面的法律法规、政策、标准、规范、规划、预案等的制（修）订工作；参与安全生产应急管理重大问题的专题调研、技术咨询、学术交流和重要课题研究；参加重特大生产安全事故、自然灾害的救援工作；参与安全生产应急管理和应急救援工作评估。

各地方根据国家安全生产应急专家组管理办法，建立相应的应急救援专家组，为地方应急救援提供技术支持。

2. 国家安监总局应急管理与紧急救援研究中心

国家安监总局应急管理与紧急救援研究中心成立于 2008 年。中心对综合灾害管理、灾害风险管理、安全风险监测、加强防灾减灾和安全生产的科学研究与技术开发，运用现代科技力量强化企业和社会减轻灾害风险和应对各种突发事件能力等具有重大意义，对我国防灾减灾、减少灾后损失具有重大的现实指导意义。安全生产工作治本之策在于加强安全生产科技工作，构建安全生产支撑体系。“国家安监总局应急管理与紧急救援研究中心”的成立就是加强安全生产科技工作、构建安全生产支撑体系的举措之一。

各地方依据自身实际情况成立应急救援研究中心，负责相关应急救援技术研发工作。

3. 中国应急管理培训中心

为了提高社会各方面依法应对突发事件的能力，及时有效控制、减轻和消除突发事件引起的严重社会危害，保护人民生命财产安全，维护国家安全、公共安全、环境安全和社会秩序，培训中心为各地应急部门建立一个统一的、系统的技术学习交流平台。

三、事故应急救援通信信息保障系统

建立完善国家应急救援通信信息系统，使国家安全生产应急救援指挥中心、各级专业应急救援指挥中心、各级应急救援队伍、各级应急医疗救护队伍、各级应急救援研究中心、培训中心、应急救援专家组及各地（市）、县（区）应急救援管理部门和企业之间建立并保持畅通的通信信息通道，并逐步建立救灾移动通信和远程视频系统。

四、事故应急救援培训演练保障系统

为提高救援人员的技术水平与救援队伍的整体能力，以便在事故的救援行动中，达到快速、有序、有效的效果，经常性地开展应急救援培训或演习应成为救援队伍的一项重要的日常性工作。国家、地方政府及相关部门和企业必须按照规定定期进行事故应急救援培训演练。

复习思考题

1. 分析我国当前应急救援组织体系的构成及各部分作用。
2. 应急救援保障体系包括哪些内容？
3. 主要的事故应急救援法律法规有哪些？
4. 事故应急救援的响应机制是什么？

技能实训二：事故应急救援体系综合分析讨论

一、实训目标

1. 要求学生利用所学知识分析我国事故应急救援体系，提出自己的观点。
2. 提高学生分析解决问题的能力。

二、任务描述

根据本章所学的事故应急救援体系各方面内容，任选一个方面进行分析，提出自己的认识和看法，并进行辩论。

三、任务准备

1. 对学生分组，每组选择一个应急救援体系内容。
2. 准备多媒体教室，每组提前准备好发言资料。

四、知识要点

1. 事故应急救援组织体系。
2. 事故应急救援运行机制。
3. 事故应急救援法律体系。
4. 事故应急救援保障体系。

五、实训过程

1. 在多媒体教室集中，按照预先的分组和内容，要求学生准备发言。
2. 由任课教师布置讨论规则。
3. 每小组现场发言。
4. 其他小组有针对性地提问，进行辩论。
5. 各组轮流进行。
6. 指导总结。

六、注意事项

实践讨论过程一定要按照教师要求进行，有疑问必须及时提出。

七、总结与思考

1. 有哪些重要的法律、法规中规定了事故应急救援相关内容？具体规定是什么？
2. 我国事故应急救援体系有没有不完善的地方？

第三章
事故应急救援预案编制与管理

本章学习目标

1. 知识目标

熟悉应急救援预案的类别、预案体系组成；熟悉应急救援预案主要内容和预案编写要求；熟悉预案评审、演练、修订等管理工作。

2. 技能目标

能够分析事故应急救援预案的合理性，具备简单应急救援预案编制能力。

第一节　事故应急救援预案的基本知识

生产经营单位事故应急救援预案一般涉及事故发现、事故中断、事故抢救、现场洗消、清理、恢复、事故处理等内容，主要涵盖事故分级、组织机构、预防与预警、应急响应、应急保障（物资保障条件、应急救援装备的检查和维护保养、事故应急抢救措施等）、宣传、培训和演练等。生产经营单位事故应急救援预案一般涉及的基本知识如下。

一、事故应急救援预案的类别

应急救援预案的分类有多种方法，如按行政区域可划分为五级。

Ⅴ级：国家级应急救援预案。

Ⅳ级：省级应急救援预案。

Ⅲ级：地区、市级应急救援预案。

Ⅱ级：区（县）/社区级应急救援预案。

Ⅰ级：企业级应急救援预案。

按时间特征可划分为常备预案和临时预案（如偶尔组织的大型集会等），按事故灾害或紧急情况的类型可划分为自然灾害、事故灾难、突发公共卫生事件和突发社会安全事件等预案。而最适合生产经营单位预案文件体系的分类方法是按预案的适用对象范围进行分类，即将生产经营单位的应急救援预案划分为综合预案、专项预案和现场预案，以保证预案文件体系的层次清晰和开放性。生产经营单位事故应急救援预案编制是按预案的适用对象范围进行分类，多采用综合预案、专项预案、现场预案的形式进行编制。

二、事故应急救援预案的基本体系组成

应急救援预案应形成体系，针对各级各类可能发生的事故和所有危险源制定专项应急救援预案和现场应急处置方案，并明确事前、事发、事中、事后的各个过程中相关部门和有关人员的职责。生产规模小、危险因素少的生产经营单位，综合应急救援预案和专项应急救援预案可以合并编写。

本书主要介绍生产经营单位的预案体系，主要包括综合预案、专项预案、现场预案。

1. 综合预案

综合预案是生产经营单位的整体预案，从总体上阐述生产经营单位的应急方针、政策、应急组织结构及相应的职责，应急行动的总体思路等。通过综合预案可以清晰地了解生产经营单位的应急体系及预案的文件体系，更重要的是可以作为生产经营单位应急救援工作的基础，即使对那些没有预料的紧急情况也能起到一般的应急指导作用。

2. 专项预案

专项预案是针对生产经营单位某种具体的、特定类型的紧急情况，例如危险物质泄漏、火灾、某一自然灾害等的应急而制定的。专项预案是在综合预案的基础上充分考虑了某特定危险的特点，对应急的形势、组织机构、应急活动等进行更具体的阐述，具有较强的针对性。

3. 现场预案

现场预案是在专项预案的基础上，根据具体情况需要而编制的。它是针对生产经营单位特定的具体场所（即以现场为目标），通常是该类型事故风险较大的场所或重要防护区域等所制定的预案。例如，为危险化学品事故专项预案而编制的某重大危险源的场外应急救援预案，现场应急救援预案的特点是针对某一具体现场所存在的该类特殊危险，结合可能受其影响的周边环境情况，在详细分析的基础上，对应急救援中的各个方面做出具体、周密而细致的安排，因而现场预案具有更强的针对性和对现场具体救援活动的指导性。

第二节　事故应急救援预案主要内容

一、综合应急救援预案的主要内容

1. 总则

（1）目的。简述应急救援预案编制的目的、作用等。

（2）编制依据。简述应急救援预案编制所依据的法律、法规、规章，以及有关行业管理规定、技术规范和标准等。

（3）适用范围。说明应急救援预案适用的区域范围及事故的类型、级别。

（4）应急救援预案体系。说明本单位应急救援预案体系的构成情况。

（5）应急工作原则。说明本单位应急工作的原则，内容应简明扼要、明确具体。

2. 生产经营单位的危险性分析

（1）生产经营单位概况。主要包括单位地址、从业人数、隶属关系、主要原材料、主要产品、产量等内容，以及周边重大危险源、重要设施、目标、场所和周边布局情况。必要时，可附平面图进行说明。

（2）危险源与风险分析。主要阐述本单位存在的危险源及风险分析结果。

3. 组织机构及职责

（1）应急组织体系。明确应急组织形式，构成单位或人员，并尽可能以结构图的形式表示出来。

（2）指挥机构及职责。明确应急救援指挥机构总指挥、副总指挥、各成员单位及其相应职责。应急救援指挥机构根据事故类型和应急工作需要，可以设置相应的应急救援工作小组，并明确各小组的工作任务及职责。

4. 预防与预警

（1）危险源监控。明确本单位对危险源监测监控的方式、方法及采取的预防措施。

（2）预警行动。明确事故预警的条件、方式、方法和信息的发布程序。

5. 信息报送

按照有关规定，明确事故及未遂伤亡事故信息报告与处置办法。

（1）信息报告与通知。明确 24 小时应急值守电话、事故信息接收和通报程序。

（2）信息上报。明确事故发生后向上级主管部门和地方人民政府报告事故信息的流程、内容和时限。

（3）信息传递。明确事故发生后向有关部门或单位通报事故信息的方法和程序。

6. 应急响应

(1) 响应分级。针对事故危害程度、影响范围和单位控制事态的能力，将事故分为不同的等级。按照分级响应的原则，明确应急响应级别。

(2) 响应程序。根据事故的大小和发展态势，明确应急指挥、应急行动、资源调配、应急避险、扩大应急等响应程序。

(3) 应急结束。明确应急终止的条件。事故现场得以控制，环境符合有关标准，导致次生、衍生事故隐患消除后，经事故现场应急指挥机构批准后，现场应急结束。应急结束后，应明确事故情况上报事项，需向事故调查处理小组移交的相关事项，提交事故应急救援工作总结报告。

7. 信息发布

明确事故信息发布的部门、发布原则。事故信息应由事故现场指挥部及时准确向新闻媒体通报。

8. 后期处置

后期处置主要包括污染物处理、事故后果影响消除、生产秩序恢复、善后赔偿、抢险过程和应急救援能力评估及应急救援预案的修订等内容。

9. 保障措施

(1) 通信与信息保障。明确与应急工作相关联的单位或人员通信联络方式和方法，并提供备用方案。建立信息通信系统及维护方案，确保应急期间信息通畅。

(2) 应急队伍保障。明确各类应急响应的人力资源，包括专业应急队伍、兼职应急队伍的组织与保障方案。

(3) 应急物资装备保障。明确应急救援需要使用的应急物资和装备的类型、数量、性能、存放位置、管理责任人及其联系方式等内容。

(4) 经费保障。明确应急专项经费来源、使用范围、数量和监督管理措施，保障应急状态时生产经营单位应急经费的及时到位。

(5) 其他保障。根据本单位应急工作需求而确定的其他相关保障措施（如交通运输保障、治安保障、技术保障、医疗保障、后勤保障等）。

10. 培训与演练

(1) 培训。明确对本单位人员开展的应急培训计划、方式和要求。如果预案涉及社区和居民，要做好宣传教育和告知等工作。

(2) 演练。明确应急演练的规模、方式、频次、范围、内容、组织、评估、总结等内容。

11. 奖惩

明确事故应急救援工作中奖励和处罚的条件和内容。

12. 附则

(1) 术语和定义。对应急救援预案涉及的一些术语进行定义。

(2) 应急救援预案备案。明确本应急救援预案的上报备案部门。

(3) 维护和更新。明确应急救援预案维护和更新的基本要求，定期进行评审，实现可持续改进。

(4) 制定与解释。明确应急救援预案负责制定和解释的部门。

(5) 应急救援预案实施。明确应急救援预案实施的具体时间。

二、专项应急救援预案的主要内容

1. 事故类型和危害程度分析

在危险源评估的基础上，对其可能发生的事故类型和可能发生的季节及其严重程度进行确定。

2. 应急处置基本原则

明确处置安全生产事故应当遵循的基本原则。

3. 组织机构及职责

(1) 应急组织体系。明确应急组织形式、构成单位或人员，并尽可能以结构图的形式表示。

(2) 指挥机构及职责。根据事故类型，明确应急救援指挥机构总指挥、副总指挥及各成员单位或人员的具体职责。应急救援指挥机构可以设置相应的应急救援工作小组，明确各小组的工作任务及主要负责人职责。

4. 预防与预警

(1) 危险源监控。明确本单位对危险源监测监控的方式、方法及采取的预防措施。

(2) 预警行动。明确具体事故预警的条件、方式、方法和信息的发布程序。

5. 信息报告程序

主要包括以下内容：

(1) 确定报警系统及程序。

(2) 确定现场报警方式，如电话、警报器等。

(3) 确定 24 小时与相关部门的通信、联络方式。

(4) 明确相互认可的通告、报警形式和内容。

(5) 明确应急反应人员向外求援的方式。

6. 应急处置

(1) 响应分级。针对事故危害程度、影响范围和单位控制事态的能力，将事故分为不同的等级。按照分级负责的原则，明确应急响应级别。

（2）响应程序。根据事故的大小和发展态势，明确应急指挥、应急行动、资源调配、应急避险、扩大应急等响应程序。

（3）处置措施。针对本单位事故类别和可能发生的事故特点、危险性，制定应急处置措施（如煤矿瓦斯爆炸、冒顶片帮、火灾、透水等事故应急处置措施，危险化学品火灾、爆炸、中毒等事故应急处置措施）。

7. 应急物资与装备保障

明确应急处置所需的物质与装备数量、管理和维护、正确使用等。

三、现场应急救援预案的主要内容

1. 事故特征

主要包括以下内容：

（1）危险性分析，可能发生的事故类型。

（2）事故发生的区域、地点或装置的名称。

（3）事故可能发生的季节和造成的危害程度。

（4）事故前可能出现的征兆。

2. 应急组织与职责

主要包括以下内容：

（1）基层单位应急自救组织形式及人员构成情况。

（2）应急自救组织机构、人员的具体职责，应同单位或车间、班组人员工作职责紧密结合，明确相关岗位和人员的应急工作职责。

3. 应急处置

主要包括以下内容：

（1）事故应急处置程序。根据可能发生的事故类别及现场情况，明确事故报警、各项应急措施启动、应急救护人员的引导、事故扩大及同企业应急救援预案衔接的程序。

（2）现场应急处置措施。针对可能发生的火灾、爆炸、危险化学品泄漏、坍塌、水患、机动车辆伤害等，从操作措施、工艺流程、现场处置、事故控制、人员救护、消防、现场恢复等方面制定明确的应急处置措施。

（3）报警电话及上级管理部门、相关应急救援单位联络方式和联系人员，事故报告的基本要求和内容。

4. 注意事项

主要包括以下内容：

（1）佩戴个人防护器具方面的注意事项。

(2) 使用抢险救援器材方面的注意事项。

(3) 采取救援对策或措施方面的注意事项。

(4) 现场自救和互救注意事项。

(5) 现场应急处置能力确认和人员安全防护等事项。

(6) 应急救援结束后的注意事项。

(7) 其他需要特别警示的事项。

四、应急救援预案附件的主要内容

1. 有关应急部门、机构或人员的联系方式

列出应急工作中需要联系的部门、机构或人员的多种联系方式，并及时更新。

2. 重要物资装备的名录或清单

列出应急救援预案涉及的重要物资和装备名称、型号、存放地点和联系电话等。

3. 规范化格式文本

信息接收、处理、上报等规范化格式文本。

4. 关键的路线、标识和图样

主要包括以下内容：

(1) 警报系统分布及覆盖范围。

(2) 重要防护目标一览表、分布图。

(3) 应急救援指挥位置及救援队伍行动路线。

(4) 疏散路线、重要地点等标识。

(5) 相关平面布置图样、救援力量的分布图样等。

5. 相关应急救援预案名录

列出直接与本应急救援预案相关的或相衔接的应急救援预案名称。

6. 有关协议或备忘录

与相关应急救援部门签订的应急支援协议或备忘录。

第三节　事故应急救援预案的编制

一、事故应急救援预案的编制基础

编制应急救援预案应做好以下基础工作：

(1) 全面分析本单位危险因素、可能发生的事故类型及事故的危害程度。

（2）排查事故隐患的种类、数量和分布情况，并在隐患治理的基础上，预测可能发生的事故类型及其危害程度。

（3）确定事故危险源，进行风险评估。

（4）针对事故危险源和存在的问题，确定相应的防范措施。

（5）客观评价本单位应急能力。

（6）充分借鉴国内外同行业事故教训及应急工作经验。

（7）熟悉相关的法律法规、标准规范。

二、事故应急救援预案的编写要求

编制应急救援预案是进行应急准备的重要工作内容之一，编制应急救援预案不但要遵守一定的编制程序，同时应急救援预案的内容也应满足下列基本要求。

1. 应急救援预案要有针对性

应急救援预案是针对可能发生的事故，为迅速、有序地开展应急行动而预先制定的行动方案。因此，应急救援预案应结合危险分析的结果，针对以下内容进行编制，确保其有效性。

（1）针对重大危险源。重大危险源是指长期地或临时地生产、搬运、使用或者储存危险物品，且危险物品的数量等于或者超过临界量的单元（包括场所和设施）。重大危险源历来就是国家安全生产监管的重点对象，在《中华人民共和国安全生产法》中明确要求针对重大危险源进行定期检测、评估、监控，并制定相应的应急救援预案。

（2）针对可能发生的各类事故。由于应急救援预案是针对可能发生的事故而预先制定的行动方案，因此，应在编制应急救援预案之初就要对生产经营单位中可能发生的各类事故进行分析和辨识，在此基础上编制预案，才能确保应急救援预案具有更广范围的覆盖性。同时，不同的企业可能发生的事故类型往往不相同，因此也间接说明了不同企业的应急救援预案也应该存在差异。

（3）针对关键的岗位和地点。不同的生产经营单位，同一生产经营单位不同生产岗位所存在的风险大小往往不同，特别是在危险化学品、煤矿开采、建筑等高危行业，都存在一些十分特殊或关键的工作岗位和地点。这些岗位和地点在同行业中事故发生概率较高，或者发生概率虽低，但是一旦发生事故造成的后果却十分严重，针对这些关键的岗位和地点，应当编制应急救援预案。

（4）针对薄弱环节。生产经营单位的薄弱环节主要指生产经营单位为应对重大事故发生而存在的应急能力缺陷或不足的方面。生产经营单位在进行重大事故应急救援过程中，人力、救援装备等资源可能会满足不了要求，针对这种情况，企业在编制应急救援预案过程中，必须针对这些方面内容提出弥补措施。

（5）针对重要工程。重要工程的建设或管理单位应当编制应急救援预案。这些重要工程往往关系到国计民生的大局，一旦发生事故，其造成的影响或损失往往不可估量，如“三峡工程”“西气东输工程”等，因此，针对这些重要工程应当编制相应的应急救援预案。

2. 应急救援预案要有科学性

应急救援工作是一项科学性很强的工作。编制应急救援预案必须以科学的态度，在全面调查研究的基础上，实行领导和专家相结合的方式，开展科学分析和论证，制定出决策程序和处置方案、应急手段先进的应急反应方案，使应急救援预案真正具有科学性。

3. 应急救援预案要有可操作性

应急救援预案应具有实用性或可操作性。即发生重大事故灾害时，有关应急组织、人员可以按照应急救援预案的规定迅速、有序、有效地开展应急救援行动，降低事故损失。为确保应急救援预案实用、可操作，重大事故应急救援预案编制过程中应充分分析、评估本地可能存在的重大危险及其后果，并结合自身应急资源、能力的实际，对应急过程的一些关键信息如潜在重大危险及后果分析、支持保障条件、决策、指挥和协调机制等进行系统的描述。同时，应急相关方应确保重大事故应急所需的人力、设施和设备、资金支持及其他必要资源。

4. 应急救援预案要有完整性

应急救援预案内容应完整，包含实施应急响应行动需要的所有基本信息。应急救援预案的完整性主要体现在下列几方面：

（1）功能（职能）完整。应急救援预案中应说明有关部门应履行的应急准备、应急响应职能和灾后恢复职能，说明为确保履行这些职能而应履行的支持性职能。

（2）应急过程完整。应急管理一般可划分为应急预防（减灾）阶段、应急准备阶段、应急响应阶段和应急恢复四个阶段，每一阶段的工作以前一阶段的工作为基础，目标是减轻重大事故造成的冲击，把影响降至最小，因此可能会涉及不同应急救援预案。重大事故应急救援预案至少应涵盖上述四阶段，尤其是应急准备和应急响应阶段，应急救援预案应全面说明这两个阶段的有关应急事项。同时，应急救援预案应包含对事故的隐患现场进行短期恢复的内容，例如恢复基础设施的“生命线”，包括供水、供电、供气或疏通道路等以方便救援，此类行动是应急响应的自然延伸，也应包括在应急救援预案中。此外，由于短期恢复状况会影响减灾策略的实施，因此，应急救援预案中又必然涉及有关减灾策略的内容。

（3）适用范围完整。应急救援预案中应阐明该预案的适用范围。应急救援预案的适用范围不仅仅指在本区域或生产经营单位内发生事故时应启动预案。其他区域或生产经营单位发生事故，也有可能作为该预案的启动条件，即针对不同事故的性质，可能会对预案的适用范围进行扩展。

5. 应急救援预案要合法合规

应急救援预案中的内容应符合国家法律、法规、标准和规范的要求。应急救援预案的编制工作必须遵守相关法律、法规的规定。我国有关生产安全应急救援预案的编制工作的法律、法规包括《中华人民共和国安全生产法》《危险化学品安全管理条例》《中华人民共和国职业病防治法》《建筑工程安全生产管理条例》等，因此，编制安全生产应急救援预案必须遵守这些法律、法规的规定，并参考其他灾种（如洪涝、地震、核和辐射事故等）的法律、法规、标准和规范的要求。

6. 应急救援预案要有可读性

应急救援预案应当包含应急所需的所有基本信息，这些信息如组织不善可能会影响预案执行的有效性，因此预案中信息的组织应有利于使用和获取，并具备相当的可读性。

（1）易于查询。应急救援预案中信息的组织方式应有助于使用者找到所需要的信息，各章节组成部分阅读起来较为连贯，能够较为轻松方便地掌握章节安排，查询到所需要的信息。

（2）语言简洁，通俗易懂。应急救援预案编写人员应使用规范语言表述预案内容，并尽可能使用如地图、曲线图、表格等多种信息表现形式，使所编制的应急救援预案语言简洁，通俗易懂。应急救援预案中应主要使用当地官方语言文字描述，必要时补充当地其他语种；尽量引用普遍接受的原则、标准和规程，对于那些对编制应急救援预案有重要作用的依据应列入预案附录；专业化的技术用语或信息应采用有利于使用者理解的方式说明。

（3）层次及结构清晰。应急救援预案应有清晰的层次和结构。正如前文所述，由于可能发生的事故类型多样，影响范围也各有不同，因此，应结合事故类型、特点和具体场所合理组织各类预案。

7. 应急救援预案要相互衔接

安全生产应急救援预案应相互协调一致、相互兼容。如生产经营单位的应急救援预案，应与上级单位应急救援预案、当地政府应急救援预案、主管部门应急救援预案、下级单位应急救援预案等相互衔接，确保出现紧急情况时能够及时启动各方应急救援预案，有效控制事故。

三、事故应急救援预案的编制步骤

事故应急救援预案应当简明，便于有关人员在实际紧急情况下使用。一方面，预案的主要部分应当是整体应急反应策略和应急行动，具体实施程序应放在预案附录中详细说明。另一方面，预案应有足够的灵活性，以适应随时变化的实际紧急情况。前面所提到问题的所有结论和解决办法应缩减为一个简单明了的文件，便于评价和使用。除此以外，预案应包括以下至少六个主要应急反应要素：

（1）应急资源的有效性。

（2）事故评估程序。

（3）指挥、协调和反应组织的结构。

（4）通报和通信联络程序。

（5）应急反应行动（包括事故控制、防护行动和救援行动）。

（6）培训、演习和预案保持。

根据企业规模和复杂程度不同，应急救援预案也存在各种形式。编制小组的另一个任务是使总体预案的格式应用于企业的具体情况。最后，编制小组应确定出如何保证预案更新，如何进行培训和演习。根据预案格式，可以把一些条款放在总体内容中，或放在附录中。预案编制不是单独、短期的行为，它是整个应急准备中的一个环节。有效的应急救援预案应该不断进行评价、修改和测试，持续改进。

通常企业编制事故应急救援预案的步骤如下：

1. 成立预案编制小组

企业管理层首先应指定应急救援预案编制小组的人员，组员是预案制定和实施中有重要作用或是可能在紧急事故中受影响的人。预案编制小组的人员通常来自以下职能部门：

（1）安全部门。

（2）环保部门。

（3）操作和生产部门。

（4）保卫部门。

（5）工程部门。

（6）技术服务部门。

（7）维修保养部门。

（8）医疗部门。

（9）环境部门。

（10）人事部门。

此外，小组成员也可以包括来自地方政府社区和相关政府部门的代表（如安全、消防、公安、医疗、气象、公共服务和管理机构等）。这样可消除现场事故应急救援预案与政府应急救援预案中的不一致性，同时也可明确紧急事故影响到单位外时涉及的单位及其职责，有利于救援时的协调配合。

2. 资料收集和初始评估

编制小组的首要任务是收集制定预案的必要信息并进行初始评估，包括以下内容：

（1）适用的法律、法规和标准。

（2）企业安全记录、事故情况。

（3）国内外同类企业事故资料。

（4）地理、环境、气象资料。

（5）相关企业的应急救援预案等。

编制小组应提出如下问题（不只限于这些，视具体情况而定）：

（1）会发生什么样的事故。

（2）这种事故的后果如何（包括对现场和企业外的影响）。

（3）这类事故是否能够预防，如果不能，会产生什么级别的紧急情况。

（4）会影响到什么地区。

（5）如何报警。

（6）谁来评价这种紧急情况，根据是什么。

（7）如何建立有效的通信。

（8）谁负责做什么，什么时间，怎么做。

（9）目前具备什么资源。

（10）应该具备什么资源。

（11）如有必要，能够得到什么样的外部援助，怎样得到。

这些问题是制定应急救援预案过程中必须首先分析和考虑的基本问题。在初始阶段，编制小组应辨识所有可能发生的事故场景并评价现有资源（包括人力、物资和设备），编制小组的工作可分为三部分：

（1）危险辨识、后果分析和风险评价。

（2）明确人员和职能。

（3）明确需要的资源。

3. 应急反应能力分析

根据最可能发生的事故场景，编制小组可以确定出不同紧急情况下相应的应急反应行动。小组要能够回答以下问题：

（1）在紧急情况下谁该做什么，什么时候做，怎么做。

（2）整个应急过程由谁负责，管理结构应该如何适应这种情况。

（3）如何通报紧急情况，谁负责通知。

（4）可获得哪些外部援助，什么时候能到达。

（5）在什么情况下企业和企业外人员应该进行避难或疏散。

（6）如何恢复正常操作。

这是预案编制过程中的综合部分，是在前面分析工作的基础上进行的研究。

4. 危险辨识与风险评价

危险辨识与风险评价是编制应急救援预案的关键，所有应急救援预案都是建立在风险评价基础之上的。危险是指材料、物品、系统、工艺过程、设施或场所对人、财产或环境具有产生伤害的潜能。危险辨识就是找出可能引发事故导致不良后果的材料、系统、生产过程或场所的特征。因此，危险辨识有两个关键任务：第一，辨识可能发生的事故后果。第二，识别可能引发事故的材料、系统、生产过程或场所的特征。前者相对来说较容易，并由它确定后者的范围，所以辨识可能发生的事故后果是很重要的。

事故后果可分为对人的伤害、对环境的破坏及财产损失三大类。在此基础上可细分成各种具体的伤害或破坏类型。可能发生的事故后果确定后，可进一步辨识可能产生这些后果的材料、系统、过程或场所的特征。

在危险辨识的基础上，可确定需要进一步评价的危险因素。危险评价的范围和复杂程度与辨识危险的数量和类型及需要了解问题的深度成正比。常用的危险辨识方法包括分析材料性质、生产工艺和条件、生产经验、组织管理措施等，制定相互作用矩阵，以及应用危险评价方法等。对于重大危险源的确认可依据国家标准《危险化学品重大危险源辨识》（GB 18218—2009）进行。

各个行业也可按照国内行业部门推荐的危险源等级划分标准进行评估，但应不低于国家标准的要求。国家标准未涉及的，也可参照国外的一些规定。

5. 人员和职责的确定

完成危险辨识、后果分析和风险评价后，编制小组需要确定在紧急情况下应该采取什么样的行动最合适，从事故报警到如何实施应急行动或疏散程序。这些行动要由企业或外部人员完成，因而小组的任务是根据现有人力来确定紧急情况下由谁来做出什么行动。

正确实施应急救援预案必须要明确职责，特别是什么时候由谁来指挥。为了简便，编制小组可根据企业正常生产管理系统职位来分配紧急时的任务，这样会减少培训的工作量并能保证紧急状态下正确指挥，而且他们的决策和权威更容易被企业人员所接受，因为平时就是这样工作。这种被确认的领导权会增加自信，减少混乱。编制小组应该认真评估目前企业的组织管理结构，以保证在异常情况下的正确性和充分性。

编制小组应该认真审查领导的能力和在休假时的指挥系统，要保证负责人员经过一定的培训，具有良好的素质，能够在更高级指挥人员到来前应对局势。代理人员应该在主要领导休假、生病或由于其他原因不在现场时代替执行其职责。该代理人必须像原主管一样能够应付紧急局势。这些关键人员的通报和通信联络程序必须明确，以保证及时决策，快速反应。

编制小组应预先充分考虑到现场危险地区所要实施的应急反应行动的进行情况。这样会减少在危机时刻做出“特别”决策的需要。下面是最常见的紧急时刻实施的重要应急功能：

（1）通信和外部关系联络，包括媒体。

（2）消防与营救。

（3）工艺和公用设施。

（4）工程措施。

（5）环境状况。

（6）医疗救护。

（7）安全保障。

（8）后勤保障。

（9）行政管理。

编制小组的任务是保证所有应急功能与负责企业正常生产的人员和服务机构相匹配，然后编制小组应要求相关部门或机构配合制定实施总体应急救援预案的专项预案。例如，工程、操作、技术机构和维修部门应该提出在紧急情况下隔离或关闭设备或单元的应急程序。此外，可分派这些部门的人员实施应急反应行动或作为应急咨询员，这些行动计划也要包括在应急救援预案中，特别是放在附录中以便于更新。

6. 应急资源的评估

在本阶段，编制小组要评价企业在紧急情况下所具有的资源和控制紧急事故的人员。对现有资源，按人力、设备等进行评价。需要确定以下内容：

（1）人力

1）紧急时可动员多少全职人员，多少兼职人员，多少志愿者。

2）培训水平如何。

（2）通报和通信联络设备

1）有什么样的通信设备（电话、专线电话、无线电和警笛）。

2）有多少应急指挥中心，它们位于何处。

（3）个人防护设备

在何处、有多少和什么类型的个人防护设备（如呼吸器、防毒面具、防护服等）。

（4）消防设备和供应

1）有什么类型的消防设备（消防车、消防梯、液压起重机）。

2）有无消防防水系统。

3）有什么替代水源。

4）有哪种和多少消防设备（如各种便携式灭火器、泡沫罐、灭火药剂）。

（5）事故控制和防污染设备及供应

1）有什么专用工具和设备，在什么地方。

2）有多少掘土设备。

3）有什么类型的防污染设备和药剂（如中和剂）。

（6）医疗服务机构、设施、设备和供应

1）当地医院和其他医疗机构的位置。

2）它们的装备如何。

3）有多少救护车。

4）有多少医生、护士。

（7）监测系统

1）有什么样的监测和检测系统，有多少。

2）这些化学实验室是否能进行危险物质分析。

3）是否有专门技术参考资料的图书馆或数据库。

（8）气象站

1）有多少气象站（特别是确定风向）。

2）它们位于何处。

（9）交通系统

1）有多少卡车和其他交通设备以便在紧急时运输和供应。

2）有多少车辆可用来运输和疏散人员。

（10）保安和进出管制设备

1）是否有足够的警力以控制交通和疏散时执法。

2）是否有足够进出管制设备（如路障）以便在紧急时控制交通。

（11）社会服务机构、设施和设备

1）有多少接收疏散人员的设施。

2）有多少房屋、毯子和其他设备、设施。

7. 应急反应组织的建立

建立应急反应组织是应急救援预案的一个重要目的，任何救援队都是救援力量的组成部分，任何救援力量都不能包办所有的救援任务，完整的救援体系是由分层次、分地区、具有一定地方特色和行业特点的救援力量组成的。根据企业、行业、地区和本城市的特点，组建不同层次的救援系统，由政府牵头，本着“一队多用，专兼结合，警民结合，平战结合”的原则，整合各种救援力量，协调各组织的日常工作和救援工作。在紧急时刻，要求应急反应组织能在最短时间内部署完毕。为此，要提出以下问题：

（1）紧急情况发生时由谁来指挥操作。

（2）当更多的企业和企业外反应人员到达事故现场时，指挥结构如何变化。

（3）如果紧急状况恶化时，需要更多的资源和出现更多的受影响点（包括企业内、企业外），指挥结构如何变化。

（4）谁来决定分配减缓事故的资源。

（5）谁应该在紧急时与谁保持通信联络。

（6）哪些应急功能（如消防、工程、医疗等）应该行动，什么时候，如何行动。

（7）哪些人负责专项应急反应功能。

（8）各种指挥岗位应位于哪里。

（9）谁来决定采取何种行动以保护外部人群。

（10）所有应急功能协调员互相之间如何联络。

（11）谁提供技术建议来开始反应行动。

（12）谁来决定什么时候应急结束，批准重新进入危险区。

这些问题可通过建立一个完整的反应组织指挥结构和明确相关职责来回答，具体如下：

（1）最初反应组织。一天中的每时每刻都可能发生事故，应急反应组织必须保证在任何时候接到报警后立即行动。及时正确的最初应急反应行动可以极大地降低事故的后果。最初协调应急行动的责任一般由当班负责人负责，直到有更高级的人员来替代，例如企业负责人到达事故现场后。最初阶段，当班负责人要临时担任企业应急总指挥的功能，因此要根据事故严重程度来评价应急行动级别，通知相关人员、部门和机构参加应急行动。

与此类似，企业其他人员将分别担任最初反应组织的其他重要功能，直到规定人员到达事故现场替代他们。这些职责分配要预先明确下来，而不是等到紧急时刻再开始。

（2）全体应急反应组织。不是所有的事故都严重到要求动员全体反应组织。但是在全体应急状态下，企业应急总指挥员应该启动所有应急救援预案要求的行动，包括启动全体应急反应组织。要求要配备足够人员，以便保证每个岗位都有人员。每个岗位可能有多个任务，所以主要人员或代理人可在全体应急反应组织启动后任何时候能承担职责。负责不同功能的人员应为企业应急总指挥提供建议并执行企业应急总指挥做出的决定。这些人员主要包括负责生产、工程、技术、人事、医疗、交通、安全、环保和保卫的高级管理人员。他们将根据具体情况决定该采取哪种反应行动，如关闭企业、灭火、疏散作业人员或群众，进行应急修复工作，安排设备物资供应，进行应急检测和协调企业与当地公安消防和其他机构的行动。

（3）企业应急总指挥。在任何时候企业必须只有一个人负责指挥整个应急反应组织。他的主要职责包括对所有保护公众、员工、环境和企业设施的行动，事故的救援和控制行动的指挥。企业应急总指挥的职责如下：

1）分析紧急状态和确定相应报警级别，这些分析要根据相关危险类型（例如，火灾、爆炸、泄漏）、它的潜在后果（包括企业内外）、现有资源和控制紧急情况的行动类型来做出。

2）指挥、协调应急反应行动。

3）与企业外应急反应人员、部门、组织和机构进行联络。

4）直接监察应急操作人员的行动。

5）保证现场和企业外人员安全。

6）协调后勤方面以支援反应组织。

在执行这些任务时，企业应急总指挥会得到从事专项任务的应急反应人员的帮助。企业应急总指挥不能把下列任务交给工作人员执行：

1）应急反应组织的启动。

2）应急评估，包括升高或降低应急警报级别。

3）通报外部机构。

4）决定请求外部援助。

5）决定从企业或其他部分撤离。

6）决定企业外影响区域的安全性（例如，在毒气泄漏时建议疏散或安全避难）。

在许多情况下，企业应急总指挥的职能可由企业总负责人担任，在紧急情况下，企业应急总指挥的主要功能是总体指挥，大量实际反应和协调任务主要由负责生产或安全的副总指挥执行，因为他更具有技术、经验和更熟悉应急反应操作。与所有其他应急职位一样，企业应急总指挥是分配给企业组织内的工作职位，而不是某个人。这会消除由于人员调动到其他岗位或其他职位变动导致企业人员组织结构变化带来的混乱。

紧急情况下保持与企业正常生产时相同的管理结构有很大好处，企业总负责人应该担任企业应急总指挥的职位。在一些情况下，委派更熟悉相应操作的人员担任企业应急总指挥比总经理更合适。如果这样是更好的选择，应该在计划阶段进行明确，并应在应急组织结构图上表示出来。

总体上，所有应急职位特别是企业应急总指挥应该有代理人，以免企业总经理或其他领导不在现场时代替履行职责。当企业应急总指挥在紧急事故中受伤时，代理人员应履行其职责。应该制定有关规定保证企业应急总指挥在任何时候都能履行职责，他对企业的状况必须有充分的了解。初期当班经理可能是这个位置上最好的候选人，因而常被任命为企业应急总指挥直到更高级的负责人到来，从而保证指挥岗位全天时段都有人负责。

发生特大紧急事故时，决策必定影响到整个企业甚至企业以外人员的安全及其财产和环境。在这种情况下，应预先明确谁有法律责任来做出这种决策。

企业应急总指挥的职位变动时应该及时通知所有负责各种反应功能的人和政府反应组织和部门。

在许多情况下，公安消防部门是第一个企业外应急反应者。当企业应急总指挥仍在负责现场指挥时，当地安全、公安、消防的主管或社区负责人，可以作为企业外应急指挥，甚至作为应急总指挥。

在大多数情况下，企业应急总指挥最初在控制室由操作人员帮助协调反应行动。但是，当应急升级和应急反应组织开始部署时，应急指挥中心应该转移到预先指定的应急地区，企业应急总指挥在此与他的工作人员一起工作，如果应急指挥中心直接暴露在事故危害区，企业应急总指挥应决定转移到其他安全区域。

（4）反应操作副总指挥。反应操作副总指挥在应急指挥中心操作，负责监察和协调具有减缓事故后果功能的各种任务，其主要职责如下：

1）协助企业应急总指挥组织和指挥应急操作任务。

2）向企业应急总指挥提出应采取的减缓事故后果行动的对策和建议。

3）保持与现场操作副总指挥的直接联络。

4）协调、组织和获取应急所需的其他资源、设备支援现场的应急操作。

完成这种功能的人员应该非常熟悉企业及其组织。通常维修或生产经理应该担当这个职责。在小企业中反应操作副总指挥的功能可以和企业应急总指挥的功能合并，这两个职位由一个人担任。当应急初始阶段所有反应组织还没有部署完成，也可以出现这种情况。

（5）事故现场副总指挥。事故现场副总指挥是在直接事故现场最高级的应急反应组织指挥，指挥部应该尽可能接近应急现场操作的位置，当然也要考虑到安全的因素。事故现场副总指挥的主要职责如下：

1）所有事故现场操作的指挥和协调。

2）现场事故评估。

3）保证企业人员和公众的应急反应行动的执行。

4）控制紧急情况。

5）现场应急行动与在应急指挥中心的反应操作副总指挥的协调。

事故现场副总指挥必须具有丰富技术经验并熟悉企业。这个职位应由企业安全部门经理或生产经理担任。紧急初始阶段，很可能这个职位（和其他职位）都由当班经理直接担任或由地方政府应急的管理者担任。

第四节　事故应急救援预案的管理

一、事故应急救援预案评审与发布

1. 基本规定

（1）地方各级安全生产监督管理部门应当组织有关专家对本部门编制的应急救援预案进行审定；必要时，可以召开听证会，听取社会有关方面的意见。涉及相关部门职能或者需要有关部门配合的，应当征得有关部门同意。

（2）矿山、建筑施工单位和易燃易爆物品、危险化学品、放射性物品等危险物品的生产、经营、储存、使用单位和中型规模以上的其他生产经营单位，应当组织专家对本单位编制的应急救援预案进行评审。评审应当形成书面纪要并附有专家名单。前款规定以外的其他生产经营单位应当对本单位编制的应急救援预案进行论证。

（3）参加应急救援预案评审的人员应当包括应急救援预案涉及的政府部门工作人员和有关安全生产及应急管理方面的专家。评审人员与所评审预案的生产经营单位有利害关系的，应当回避。

（4）应急救援预案的评审或者论证应当注重应急救援预案的实用性、基本要素的完整性、预防措施的针对性、组织体系的科学性、响应程序的操作性、应急保障措施的可行性、应急救援预案的衔接性等内容。

（5）生产经营单位的应急救援预案经评审或者论证后，由生产经营单位主要负责人签署公布。

2. 评审方法

应急救援预案评审采取形式评审和要素评审两种方法。

形式评审主要用于应急救援预案备案时的评审，要素评审主要用于生产经营单位组织的应急救援预案评审工作。

（1）形式评审。应急救援预案评审采用符合、基本符合、不符合三种意见进行判定。对于基本符合和不符合的项目，应该给出具体的修改意见或建议。形式评审，依据《生产经营单位安全事故应急救援预案编制导则》和有关行业规范，对应急救援预案的层次结构、内容格式、语言文字、附件项目及编制程序等内容进行审查，重点审查应急救援预案的规范性和编制程序、应急救援预案形式评审的具体内容和要求。

（2）要素评审。依据国家有关法律法规、《生产经营单位安全事故应急救援预案编制导则》和有关行业规范，从合法性、完整性、针对性、适用性、科学性、操作性和衔接性等方面对应急救援预案进行评审。为细化评审采用列表方式分别对应急救援预案的要素进行评审。评审时，应将应急救援预案的要素内容与评审中所列要素的内容进行对照，判断是否符合有关规定，指出存在的问题及不足。应急救援预案要素分为关键要素和一般要素。关键要素是指应急救援预案构成要素中必须规范的内容。这些要素涉及生产经营单位日常应急管理及应急救援的关键环节，具体包括危险源辨识及风险分析、组织机构及职责、信息报送与处理和应急响应程序与处置技术等要素。关键要素必须符合生产经营单位实际和有关规定要求。一般要素是指应急救援预案构成要素中可以简写或省略的内容。这些要素不涉及生产经营单位日常应急管理及应急救援的关键环节，具体包括应急救援预案中的编制目的、编制依据、适用范围、工作原则、单位概况等要素。

3. 评审程序

应急救援预案制定完成后，生产经营单位应该在广泛征求意见的基础上，对应急救援预案进行评审。

（1）评审准备。成立应急评审工作组，落实参加评审的单位或人员，将应急救援预案及有关资料在评审前送达参加评审的单位或人员。

（2）组织评审。评审工作应该由生产经营单位主要负责人或主管安全生产工作的负责人主持，参加应急救援预案评审人员应符合《生产安全事故应急救援预案管理办法》要求。生产经营规模小、人员少的单位，可以采取演练方式对应急救援预案进行论证，必要时应该邀请相关主管部门或安全管理人员参加。应急救援预案评审工作组讨论并提出会议评审意见。

（3）修订完善。生产经营单位应认真分析研究评审意见，按照评审意见对应急救援预案进行修订和完善。评审意见要求重新组织评审的，生产经营单位应组织有关部门对应急救援预案重新进行评审。

（4）批准印发。生产经营单位的应急救援预案经过评审或论证，符合要求的，由生产经营单位主要负责人签发。

4. 评审要点

应急救援预案评审应该坚持实事求是的工作原则，结合生产经营单位工作实际，按照《生产经营单位安全事故应急救援预案编制导则》和有关行业规范，从以下几个方面进行评审。

（1）合法性。符合有关法律法规、标准规范及有关部门和上级单位规范性文件要求。

（2）完整性。具备《生产经营单位安全事故应急救援预案编制导则》所规定的各项要素。

（3）针对性。紧密结合本单位危险源辨识和风险分析。

（4）实用性。切合本单位工作实际，与生产安全事故应急处置能力相适应。

（5）科学性。组织体系、信息报送和处置方案等内容科学合理。

（6）操作性。应急响应程序和保障措施等内容切实可行。

（7）衔接性。综合、专项应急救援预案和现场预案形成体系，并与相关部门或单位应急救援预案相互衔接。

二、事故应急救援预案备案

（1）地方各级安全生产监督管理部门的应急救援预案，应当报同级人民政府和上一级安全生产监督管理部门备案。其他负有安全生产监督管理职责的部门的应急救援预案，应当抄送同级安全生产监督管理部门。

（2）中央管理的总公司（总厂、集团公司、上市公司）的综合应急救援预案和专项应急救援预案，报国务院国有资产监督管理部门、国务院安全生产监督管理部门和国务院有关主管部门备案；其所属单位的应急救援预案分别抄送所在地的省、自治区、直辖市或者设区的市人民政府安全生产监督管理部门和有关主管部门备案。

前款规定以外的其他生产经营单位中涉及实行安全生产许可的，其综合应急救援预案和专项应急救援预案，按照隶属关系报所在地县级以上地方人民政府安全生产监督管理部门和有关主管部门备案；未实行安全生产许可的，其综合应急救援预案和专项应急救援预案的备案，由省、自治区、直辖市人民政府安全生产监督管理部门确定。

煤矿企业的综合应急救援预案和专项应急救援预案除按照前面规定报安全生产监督管理部门和有关主管部门备案外，还应当抄报所在地的煤矿安全监察机构。

（3）生产经营单位申请应急救援预案备案，应提交以下材料：

1）应急救援预案备案申请表。

2）应急救援预案评审或者论证意见。

3）应急救援预案文本及电子文档。

（4）受理备案登记的安全生产监督管理部门应当对应急救援预案进行形式审查，经审查符合要求的，予以备案并出具应急救援预案备案登记表；不符合要求的，不予备案并说明理由。

对于实行安全生产许可的生产经营单位，已经进行应急救援预案备案登记的，在申请安全生产许可证时，可以不提供相应的应急救援预案，仅提供应急救援预案备案登记表。

（5）各级安全生产监督管理部门应当指导、督促、检查生产经营单位做好应急救援预案的备案登记工作，建立应急救援预案备案登记建档制度。

三、事故应急救援预案培训

1. 应急救援预案培训目的

（1）提高现场内、外应急部门的协调能力。

（2）判别和改正应急救援预案的缺陷。

（3）提高企业员工及公众的应急意识。

2. 应急救援预案的培训范围

（1）政府主管部门的培训。

（2）周围居民的培训。

（3）企业全员的培训。

（4）专业应急救援队伍的培训。

应制订应急培训计划，采用各种教学手段和方式，如自学、讲课、办培训班等，加强对各有关人员应急救援的培训，以提高事故应急处理能力。

四、事故应急救援预案演练

为了保证事故发生时，应急救援组织机构的各部门能够熟练有效地开展应急救援工作，应定期进行针对不同事故类型的应急救援演练，不断提高实战能力。同时在演练实战过程中，总结经验，发现不足，并对演练方案和应急救援预案进行充实、完善。

生产经营单位要积极组织预案演练，高危企业每年至少要组织一次应急救援预案的演练。各级安全生产监督管理部门要协调有关部门，每年组织一次高危企业、部门、地方的联合演练。通过演练，检验预案，锻炼队伍，教育公众，提高能力，促进企业应急救援预案与政府、部门应急救援预案的衔接和对应预案的不断完善。

1. 事故应急救援演练的重要性

通过演练可以检查应急救援队伍应付可能发生的各种紧急情况的适应性及各职能部门、各专业人员之间相互支援及协调的程度；检验应急救援指挥部的应急能力，包括组织指挥专业救援队救援的能力和组织群众应急响应的能力。通过演练可以证实应急救援预案是可行的，从而增强全体职工承担应急救援任务的信心。应急救援演练对每个参加演练的成员来说，是一次全面的应急救援练习，通过练习可以提高技术及业务能力。

通过演练还可以发现应急救援预案中存在的问题，为修正预案提供实际资料；尤其是通过演练后的讲评、总结，可以暴露预案中未曾考虑到的问题和找出改正的建议，是提高预案质量的重要步骤。

2. 事故应急救援演练的形式

事故应急救援演练一般可分为室内演练和现场演练两种。

室内演练又称组织指挥演练，它是偏重于研究性质的，主要由指挥部的领导和指挥、生产、通信等部门及救援专业队队长组成的指挥系统，在各级职能机关、部门的统一领导下，按一定的目的和要求，以室内组织指挥的形式，演练组织各级应急机构实施应急救援任务。室内演练的规模，根据任务要求可以是综合性的，也可以是单一项目的演练，或者是几个项目联合演练。

现场演练即事故模拟实地演练，根据其任务要求和规模又可分为单项训练，部分演练和综合演练三种。

3. 事故应急救援演练的组织

不论演练规模的大小，一般都要由两部分人员组成：一是事故应急救援的演练者，占演练人员的绝大多数。从指挥员至参加应急救援的每一个专业队成员都应该是现职人员，将来可能与事故应急救援有直接关系者。二是考核评价者，即事故应急救援方面的专家或专家组，对演练的每一个程序进行考核评价。进行事故应急救援模拟演练之前应做好准备工作，演练后考核人员与演练者共同进行讲评和总结。不同的演练课目，担任主要任务的人员最好分别承担多个角色，从而能使更多的人得到实际锻炼。

组织工作主要包括：事故应急救援模拟演练的准备工作；针对演练事故类型，选择合适的模拟演练地段；针对演练事故类型，组织相关人员编制详细的演练方案；根据编制好的演练方案，组织参加演练人员进行学习；筹备好演练所需物资装备，对演练场所进行适当布置；提前邀请地方相关部门及本行业上级部门相关人员参加演练并提出建议。

4. 编制演练方案应注意的问题

演练项目的内容由演练的目的决定，把需要达到的目的通过演练过程逐步进行检查、考核。因此，如何将这些待检查的项目有机地融入模拟事故中是演练方案编制的第一步。为使模拟事故的情况设置逼真而又可分项检查，需要考虑如下几个问题。

(1) 事故细节描述。事故的发生有其自身潜在的不安全因素，在某种条件下由某一因素触发而形成，或者是由此形成连锁影响，从而造成更大、更严重的事故。对事故发生和发展、扩大的原因及过程要进行简要的描述。使演练参加者可以据此来理解和叙述执行该种事故的应急救援任务和相应的防护行动。

(2) 日程安排。演练时间安排基本应按真实事故的条件进行。但在特殊情况下，也不排除对时间的压缩和延伸，可根据演练的需要安排合适的时间。演练日程安排后一般要事先通知有关单位和参加演练的个人，以利于做好充分的准备。

(3) 演练条件。演练最好选择比较不利的条件（如在夜间)、能够说明问题的气象条件下，高温、低温等较严峻的自然环境下进行演练。但在准备不够充分或演练人员素质较低的情况下，为了检验预案的可行性或为了提高演练人员的技术水平，也可选择条件较好的环境进行演练。

（4）安全措施。现场模拟演练要在绝对安全的条件下进行，如安全警戒与隔离、交通控制、防护措施、消防、抢险演练等的安全保障都必须认真、细致地考虑。演练时要在其影响范围内告知该地区的居民，以免引起不必要的惊慌，要求居民做到的事项要挨家挨户地通知到每个人。

（5）事故应急救援模拟演练的考核与总结。事故应急救援预案通过实践考验，证实该预案切实可行后才能有效地实施。因此，演练中应由专家和考评人员对每个演练程序进行考核与评价。演练以后要根据评价的意见进行认真的总结，找出问题并提出修改建议。修改意见要经过进一步的验证，认为确实需要修正的内容，要在最短的时间内修正完毕，并报上级批准。

（6）事故应急救援模拟演练的时间。一般应根据事故应急救援预案的级别、种类的不同，对演练的频度、范围等提出不同要求。企业内部的演练可以与生产、运行及安全检查等各项工作结合起来，统筹安排。

五、事故应急救援预案修订和更新

各级安全生产监督管理部门应当每年对应急救援预案的管理情况进行总结。应急救援预案管理工作总结应当报上一级安全生产监督管理部门。其他负有安全生产监督管理职责的部门的应急救援预案管理工作总结应当抄送同级安全生产监督管理部门。地方各级安全生产监督管理部门制定的应急救援预案，应当根据预案演练、机构变化等情况适时修订和更新。生产经营单位制定的应急救援预案应当至少每三年修订一次，预案修订情况应有记录并归档。有下列情况之一的，应急救援预案应当及时修订。

（1）生产经营单位因兼并、重组、转职等导致隶属关系、经营方式、法人代表发生变化的。

（2）生产经营单位生产工艺和技术发生变化的。

（3）周围环境发生变化，形成新的重大危险源的。

（4）应急组织指挥系统或职责已经调整的。

（5）依据的法律、法规、规章和标准发生变化的。

（6）应急救援预案评估报告要求修订的。

（7）应急救援预案管理部门要求修订的。

生产经营单位应当及时向有关部门或单位报告应急救援预案修订和更新情况，并按照有关应急救援预案报备程序重新备案。生产经营单位应当按照应急救援预案的要求配备相应的应急物资及装备，建立使用状况档案，定期检测和维护，使其处于良好状态。生产经营单位发生事故后应当根据情况及时启动应急救援预案，组织有关力量进行救援，并按照规定将事故信息及应急救援预案启动情况报告安全生产监督管理部门和其他负有安全监督管理职责的部门。

复习思考题

1. 企业应急救援预案有哪几种类型？
2. 综合预案、专项预案和现场预案有哪些异同？
3. 事故应急救援预案编写要求有哪些？
4. 事故应急救援预案编写步骤有哪些？
5. 事故应急救援预案备案时有哪些基本要求？

案例分析：某公司液氨泄漏事故专项应急救援预案

一、事故类型和危害程度分析

1. 企业概况

某公司属私营企业，位于临沧市工业园区内，主要进行商品液氨的采购、运输、储存、灌装业务。公司主要生产经营单位充装站，有生产工作人员6人（站长1名、技术员1名、灌装工人3名、门卫1名），有临时招聘的搬运人员若干。企业主要设备有50 m^3液氨储罐2台、400 kg氨瓶50个和200 kg氨瓶150个。

2. 生产工艺

液氨为有毒气体，是一种重要的化工原料，可以用来生产尿素等肥料，制造火箭、导弹的推进剂等，也被用作冷冻剂。

在常压下把氨气冷却到−33.4℃，或在常温下把装在密闭容器的氨气加到一定压力，氨气就会液化，成为液氨。把液氨储于耐压钢瓶或钢槽中，且不能与硼、乙醛、丙烯醛等物质共存。

3. 事故类型

在对液氨运输、储存、灌装等工艺流程的危险源进行评估的基础上，总结出液氨充装易发生以下生产安全事故：

（1）火灾事故。液氨泄漏遇到明火会发生燃烧。

（2）爆炸事故。氨具有较高的体积膨胀系数，满量充装液氨的钢瓶，在0～60℃范围内，液氨温度每升高1℃，其压力升高1.32～1.80 MPa，因而液氨瓶装极易发生爆炸；氨与氟、氯等能发生剧烈反应，当液氨泄漏与空气混合到一定比例时，遇明火能发生爆炸，爆炸极限为15.5%～27%。

（3）中毒事故。液氨泄漏到空气中，蒸发速度非常快，会迅速占据空间，大量氨气在空气中蔓延，造成大气污染，吸入会使人中毒。

（4）灼伤事故。液氨可致眼和皮肤化学烧伤。

（5）冻伤事故。液氨从容器内泄漏出来后，由于压力变化，液氨开始汽化，同时吸收热量，使周围温度下降，如果接触，易造成人体皮肤冻伤。

4. 危害程度分析

液氨泄漏事故的发生，易造成人员伤亡、火灾爆炸等事故，因此液氨储罐、液氨充装设备、连接管路、安全阀门是需要控制的重点。

5. 事故发生的诱因

（1）液氨储罐泄漏。液氨储罐破损、储罐的出口阀门密封不严、钢瓶厚度不够等因素造成液氨泄漏。

（2）充装设备泄漏。充装设备各接头及压力表的安装处密封不严、管道与接头连接处的密封不严、连接的管道老化破损、安全阀失灵等因素造成液氨泄漏。

（3）设备操作泄漏。设备在检修或工作时，未按技术规定操作，无防护措施和专职监护人，易发生液氨泄漏事故。

6. 事故预防应急措施

（1）液氨储存容器为压力容器，必须定期对管道、罐体进行检验。钢瓶或储罐应放在阴凉透风的库棚内，远离火种、热源，防止日光直射，与性质相抵触的氟、氯及酸类等危险物品分开储存。

（2）在搬运时轻拿轻放，严禁碰撞，防止钢瓶及瓶阀受损。运输槽车运送时要灌装适量，不能超压、超量运输，运输车辆应避开高温时段，防止暴晒，同时要保护好附件阀门及压力表。

（3）按规定对特种设备、安全设施进行检定。特种设备操作人员经培训合格后持证上岗，并随身佩戴好防护用品。

（4）加强对职工的培训教育，切实提高职工的素质、应变能力和自救能力。

二、应急处置基本原则

应急处置的基本原则是：以人为本，减少危害，保证人员的安全；统一领导，集中指挥，分类负责，协调行动；快速反应，及时施救，自救与救护相结合；预防为主，防治结合；依靠科技，提高效率。

三、组织机构及职责

1. 现场应急指挥部机构

总指挥：李某某（公司法人代表，联系电话：1398833××××）

副总指挥：李某某（站长，联系电话：1375936××××）

成员：

抢险救援组（6人）

警械保卫组（3人）

医疗救护组（3人）

通信联络组（1人）

事故调查组（2人）

后勤保障组（4人）

外来专业救援队伍（10～15人）

现场应急指挥部办公室设在充装站值班室，应急救援队伍共计21人（不包括外来专业救援队伍）。

2. 工作职责

（1）现场应急指挥部办公室：负责“预案”的制定和修订。组建兼职应急救援队伍，并负责“预案”的实施和演练。检查督促做好生产安全事故的预防措施和应急救援的各项准备工作。发生事故时，由指挥部发布和解除应急救援命令、信号。

（2）总指挥：负责事故应急指挥工作，指挥协调全站的应急救援，综合分析判断，并根据实际情况具体负责抢险、抢修、医疗、抢救物资、供应、运输及事故通报、安置工作的指挥。对特殊情况进行决断，必要时向有关单位发出救援请求。

（3）副总指挥：及时向总指挥汇报情况，协调总指挥下达应急指令，协调事故现场抢救工作。事故发生后，以最快速度将事故信息传达到全站各级工作人员。负责接收、上报事故信息，跟踪、续报事故救援进展情况，协助有关部门对事故现场的处理和后勤保障工作。

（4）抢险救援组。

组长：袁某某（技术员，联系电话：1375933××××）

职责：抢险、紧急实施设备抢修（包括堵漏）、突击转移危险物品、启用消防水喷淋氨气泄漏部位、协同外来协助队伍共同工作等。

（5）警械保卫组。

组长：王某某（门卫，联系电话：1501202××××）

职责：设立安全警戒区和事故善后现场整理等，疏散人员。

（6）医疗救护组。

组长：张某某（灌装工人，联系电话：1398706××××）

职责：负责现场医疗救护及中毒、灼伤、冻伤和其他意外受伤人员的抢救。

（7）通信联络组。

组长：毛某某（灌装工人，联系电话：1352961××××）

职责：负责与各应急小组及对外有关部门的通信联络和情况通报。

（8）事故调查组。

组长：张某某（灌装工人，联系电话：1580891××××）

职责：事故发生后，查明原因，营救受害人员，进行事故调查汇报工作。

（9）后勤保障组。

组长：计某某（会计，联系电话：1390883××××）

职责：提供事故应急处理物资、器材、工具、交通车辆及事故善后处理。

（10）外来专业救援队伍。

联系人：高某某（区消防大队大队长，联系电话：1375936××××）

职责：当本公司内部救援队伍不能有效地控制事故的发展时，由总指挥联系区消防大队专业救援队进入负责抢险、紧急实施设备抢修、突击转移危险物品、营救受害人员等工作。

四、预防与预警

1. 危险源监控

（1）加强检查机制，做好班、作业区日查和站区周查工作。发现问题及时整改并定整改时间、责任人和整改措施。

（2）加强设备管理，尤其是特种设备的管理，所有特种设备和安全防护设施按规定要求进行检验。

（3）加强设备检查，每年对储罐罐体壁厚、静电接地进行检测，防止产生静电积聚。

2. 事故征兆

（1）人员突然闻到氨气刺鼻的味道或中毒。

（2）设备、管道发出“嘶嘶”的声响。

（3）泄漏处出现白雾状。

（4）报警装置发生报警，设备压力突然下降，仪器仪表连锁报警。

3. 预警行动

（1）预警信息的发布方式及流程（见图3—1）。

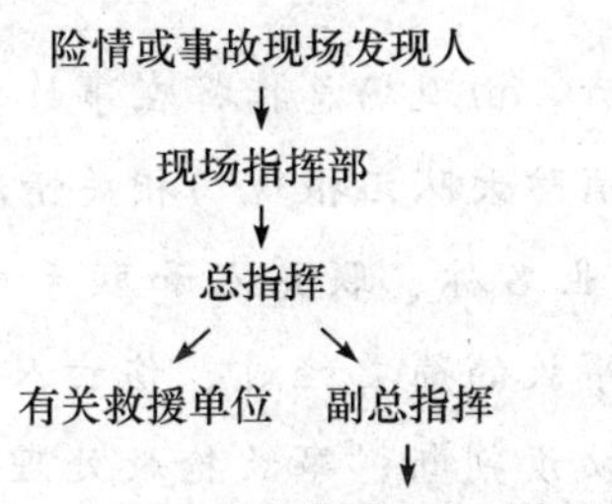

图3—1　预警信息的发布方式及流程

（2）预警措施

1）不断完善预测预警机制，科学开展风险评价分析，做到早发现、早报告、早处置。

2）加强岗位巡检，把事故消灭在萌芽状态。

（3）预警分级

1）重大事故级：液氨大量大范围泄漏，严重影响生产、生活的污染事故，造成人员中毒、伤亡的，由险情或事故现场发现人及时向现场指挥部和最高负责人报告，由现场指挥部向全站区工作人员预警，最高负责人向消防、安监、公安、环保等部门求助报告，并进行风险评估和配合外来救援队伍处置。

2）较大事故级：液氨大量泄漏，引起纠纷，造成人员冻伤、灼伤的事故，对环境造成一定影响的，由险情或事故现场发现人及时向现场指挥部或最高负责人报告，由现场指挥部或最高负责人及时向全站区工作人员预警，并进行风险评估和处置。

3）一般事故级：液氨少量泄漏，不会造成人员伤亡和对环境造成影响的，由险情或事故现场发现人及时向现场指挥部报告，现场指挥部及时向上级和作业区工作人员预警，并进行风险评估和处置。

五、信息报告程序

1. 应急值守电话

0883－212××××（值班室）。

2. 信息报告

（1）第一发现者首先向现场指挥部报告。报警信息一般应包括事故发生地点和相关设施、事故类型和概况、报警人的姓名等。

（2）现场指挥部根据情况确定是否启动应急救援预案，启动预案后及时通知应急指挥部成员。指挥部各成员按应急指挥职责开展应急工作。

（3）信息的接收应按固定格式填写相关记录，上报格式按上级主管单位相应的格式填写。

3. 信息上报

（1）重大事故。发生事故后，由现场总指挥在事故发生15 min内，向安监局、质监局、环境保护局、公安局和消防大队汇报现场相关情况。

报告内容：发生事故的企业名称、联系人和联系电话；发生事故的地点和时间（年、月、日、时、分）；发生事故的简要经过、伤亡人数及涉及范围；发生事故的设备名称、类别、性质、原因的初步判断；事故抢救处理的情况和采取的措施；需要有关部门和单位协助抢救和处理的有关事宜。

（2）较大事故。发生事故后，由现场总指挥在事故发生0.5 h内，向安监局、质监局、环境保护局和公安局汇报现场相关情况。

报告内容：发生事故的企业名称、联系人和联系电话；发生事故的地点和时间（年、月、日、时、分）；发生事故的简要经过、伤亡人数及涉及范围；发生事故的设备名称、类别、性质、原因的初步判断；事故抢救处理的情况和采取的措施。

（3）一般事故。发生事故后，由现场总指挥在事故发生 1 h 内，向安监局、质监局和环境保护局汇报现场相关情况。

报告内容：发生事故的企业名称、联系人和联系电话；发生事故的地点和时间（年、月、日、时、分）；发生事故的简要经过、伤亡人数及涉及范围；发生事故的设备名称、类别、性质、原因的初步判断；事故抢救处理的情况和采取的措施。

六、应急处置

1. 响应分级

按照事故灾难的可控性、严重程度和影响范围，将事故应急响应级别分为向外求助级（Ⅰ级）、全站区级（Ⅱ级）、作业区级（Ⅲ级）。

（1）向外求助级（Ⅰ级）响应是指全站区通过启动应急救援预案后不能有效地控制事故的发展，有造成事故蔓延扩大的可能。由现场应急总指挥向消防、公安、安监等有关单位发出救援求助，请求相关单位协助处理和做好防范工作。

（2）全站区级（Ⅱ级）响应是指作业区发生事故后，作业区认为通过作业区现有条件不能迅速有效地控制和处理的事故，需要全站区启动应急救援预案来进行控制的事故。

（3）作业区级（Ⅲ级）响应是指发生的事故通过作业区内的岗位，利用作业区现有的应急物资和装备，根据岗位作业标准中的应急操作，能处理的事故。

2. 响应程序

（1）指挥与控制。

向外求助级（Ⅰ级）应急响应由公司法人代表（总指挥）或站长（副总指挥）为事故现场救援指挥，负责人员的调动和物资的调配，根据事态的严重程度，决定向政府或安监、消防、公安、环保等有关单位汇报事故，请求外部支援。

全站区级（Ⅱ级）应急响应由公司法人代表（总指挥）或站长（副总指挥）为事故现场救援指挥，负责人员的调动和物资的调配。

作业区级（Ⅲ级）应急响应由当班组长为事故现场救援指挥，负责人员的调动和物资的调配，并及时向上一级领导汇报情况。

夜间发生事故，由值班组长临时担任总指挥，按应急救援预案组织指挥事故处理和落实抢险救援任务。

应急要点包括以下方面：

1）召集应急救援队伍。

2）总指挥（公司法人代表）应根据事故类型、状态及危害程度安排人员撤离应急避险和应急救援队伍进场救援步骤，安排调配相应的应急物资。

3）各应急指挥部成员小组按相应的要求检查并佩戴好防护用品，检查、携带救援用具，并集合听候现场指挥的命令，按照各自工作职责开展应急救援工作。

4）副总指挥（站长）负责与安监、环保、消防上级主管单位的联系和专业救援队进场后的相关事项的沟通。同时准备调用各项救援物资。

5）如果事故已经无法控制，可能会造成人员伤亡时，必须安排现场所有人员迅速撤离。

6）险情排除后，按响应级别逐级降低，直至最后执行应急结束程序。

现场应急结束后，应明确以下几点：

1）事故情况上报事项。

2）需向事故调查处理单位移交的相关事项。

3）事故应急救援工作总结报告。

（2）资源调度原则。事故发生后，各级响应级别的现场指挥在各自的职权范围内，对救援资源进行调配。需要调动其他资源时，及时请示上级领导，支援事故救援。在紧急状态下，采取“特事特办”“手续从简”的办法，快速办理各种资源的调配手续。

（3）医疗救护程序。在事故发生时，发现有人员受伤，将受伤人员转移至安全地点，采取简单的救助措施后，立即拨打“120”急救电话，请求医疗支援，并将情况汇报给现场应急指挥部。

（4）应急人员的安全防护程序

1）所有参与应急救援的人员必须穿戴安全防护用具进行救援作业。

2）防护用具，如防毒面具、手套、防护服等，由应急指挥部提供。

3）应急救援指挥部应按照“安全大于一切”的原则，从快从简办理手续，及时将防护用具分发到救援人员的手中，以免耽误救援工作的开展。

（5）应急避险程序。发生事故后，为防止无关人员误入现场造成伤害，由门卫根据事故的大小划定警戒区，设立警戒色带标识，在其位置设置一个警戒人员。警戒人员负责对警戒区内的人员进行疏导，带领至指定的安全地点，同时禁止无关人员和车辆进入警戒区。

（6）扩大应急程序。事故发展较快、难以在短时间内得到控制时，应立即启动上一级应急响应程序，以便得到更好的援助，控制住事态的发展。可能危及周边外部单位时，现场人员立即向周边单位通报事故情况，提前做好准备。

3. 应急结束

当事故得以控制，消除环境污染和危害，导致次生、衍生事故隐患消除后，经事故现场应急指挥机构批准，并完成现场取证工作后，现场应急结束。由总指挥（公司法人代表）下达解除应急救援的命令，通知警戒人员撤离，在涉及周边社区和单位的疏散时，由指挥部通知周边单位负责人员或者社区负责人解除警报。

(1) 事故情况上报事项

1) 事故发生的时间、地点及其救援经过。

2) 事故初步原因分析。

3) 事故直接损失及人员受伤情况。

(2) 向事故调查单位移交的相关事项

1) 事故报告，说明时间、地点、经过、损失及人员受伤情况。

2) 与事故有关的物证及证人证言。

(3) 事故应急救援工作总结报告。对事故应急救援时的情况进行总结，找出不足，吸取经验教训，进一步完善应急救援预案。

4. 处置措施

(1) 少量泄漏。撤退区域内所有人员。防止吸入蒸气，防止接触液体或气体。处置人员应使用呼吸器。禁止进入氨气可能汇集的局限空间，并加强通风。只能在保证安全的情况下堵漏。泄漏的容器应转移到安全地带，并且仅在确保安全的情况下才能打开阀门泄压。可用沙土等惰性吸收材料收集和吸附泄漏物。收集的泄漏物应放在贴有相应标签的密闭容器中，以便废弃处理。

(2) 大量泄漏。疏散场所内所有未防护人员向上风向转移。泄漏处置人员应穿上全封闭重型防化服，佩戴好空气呼吸器，在做好个人防护措施后，用喷雾水流对泄漏区域进行稀释。通过水枪的稀释，使现场的氨气渐渐散去，利用无火花工具对泄漏点进行封堵。

向当地政府和“119”及当地环保部门、公安交警部门报警，报警内容应包括事故单位；事故发生的时间、地点、化学品名称和泄漏量、危险程度；有无人员伤亡及报警人姓名、电话。

禁止接触或跨越泄漏的液氨，防止泄漏物进入阴沟和排水道，增强通风。场所内禁止吸烟和明火。在保证安全的情况下，要堵漏或翻转泄漏的容器以避免液氨漏出。要喷雾状水，以抑制蒸气或改变蒸气云的流向，但禁止用水直接冲击泄漏的液氨或泄漏源。防止泄漏物进入水体、下水道、地下室或密闭性空间。禁止进入氨气可能汇集的受限空间。清洗以后，在储存和再使用前要将所有的保护性服装和设备洗消。

(3) 燃烧爆炸

1) 迅速向“119”消防、当地政府报警。

2) 隔离、疏散、转移遇险人员到安全区域，建立500 m左右警戒区，并在通往事故现场的主要干道上实行交通管制，除消防及应急处理人员外，其他人员禁止进入警戒区，并迅速撤离无关人员。

3) 消防人员进入火场前，应穿着防化服，佩戴正压式呼吸器。氨气易穿透衣物，且易溶于水，消防人员要注意对人体排汗量大的部位，如生殖器官、腋下、肛门等部位的防护。

4）小火灾时用干粉或CO_2灭火器，大火灾时用水幕、雾状水或常规泡沫。

5）储罐火灾时，尽可能远距离灭火或使用遥控水枪或水炮扑救。

6）切勿直接对泄漏口或安全阀门喷水，防止产生冻结。

7）安全阀发出声响或变色时应尽快撤离，切勿在储罐两端停留。

（4）中毒伤害

1）如果患者只是单纯接触氨气，并且没有皮肤和眼的刺激症状，则不需要清除污染。假如接触的是液氨，并且衣服已被污染，应将衣服脱下并放入双层塑料袋内。如果眼睛接触或眼睛有刺激感，应用大量清水或生理盐水冲洗 20 min 以上。如在冲洗时发生眼睑痉挛，应慢慢滴入 1～2 滴 0.4%奥布卡因，继续充分冲洗。如患者戴有隐形眼镜，又容易取下并且不会损伤眼睛的话，应取下隐形眼镜。应对接触的皮肤和头发用大量清水冲洗 15 min 以上。

2）伤员复苏后应立即将其转移出污染区。

七、应急物资与装备保障

1. 救援装备保障

现场的应急装备应根据充装站安全规程的要求进行配备，所采购的装备应符合国家标准要求。对可供应急响应使用的应急装备类型、数量、性能和存放位置进行登记，并保证应急装备好用。各岗位应认真学习应急装备的使用，防止应急状态下不会使用应急装备。

2. 物资保障

应根据安全生产实际情况储备一定数量的常备应急救援物资。应急响应时所需物资的调用、采购、储备、管理，遵循“服从大局、服从调动”的原则，保证应急救援的需求。

3. 装备与物资的维护

应急装备纳入到日常管理工作中，应定期对应急装备和物资进行检查、记录，并进行维护，保障应急装备和物资完好。

八、案例思考

1. 本预案基本要素是否齐全？

2. 你认为本预案有没有不合理的内容？有没有内容需要完善？

技能实训三：事故应急救援预案编制

一、实训目标

1. 掌握事故应急救援预案编制方法。

2. 要求学生能够根据具体企业基本情况编制出科学可行的事故应急救援预案。

二、任务描述

在高危行业中任选一个企业，编制其综合预案、某事故专项应急救援预案及现场预案（三个预案可以任选其一）。

三、任务准备

1. 提前让学生熟悉预案编制要求、步骤和内容。

2. 提前让学生熟悉相关预案编制的法律法规及标准规范。

3. 将学生进行合理分组，联系某企业。

四、知识要点

1. 生产经营单位三种预案的编写要求、内容及步骤。

2. 预案相关的法律法规及标准规范。

3. 行业的安全生产特点。

五、实训过程

1. 联系实习实训单位，做好实习准备工作，分配预案编制小组。

2. 现场调查，资料收集，进行危险源与风险分析和应急能力评估。

3. 进行应急救援预案编制。

4. 教师进行应急救援预案编制的分析总结。

六、注意事项

预案编制一定要认真、细致，要有较强的科学性和可操作性。

七、总结与思考

1. 本预案编制的难点在哪里？

2. 如果事故严重程度超出了本预案的响应能力，应该如何解决？

第四章
事故应急救援培训与演练

本章学习目标

1. 知识目标

熟悉事故应急救援培训对象、内容；掌握应急演练实施过程。

2. 技能目标

具备组织、实施、协调和指挥应急救援演练工作的能力。

第一节　事故应急救援培训

事故应急救援的培训与演练是通过培训教育和应急演练实施来增强企事业单位和职工个体的危机和责任意识，提高事故防范和应对处置能力，是保证安全生产应急救援预案贯彻实施的重要手段，演练的实施为检验、论证安全生产应急救援预案的完备性提供有力的支持。

近年来大型事故频繁发生给社会造成巨大损失，严重危害人们的生命财产安全。我国高度重视社会公众对应急预案的宣传和教育，通过培训以全面提升事故的应急救援处置能力，提高全民的安全意识和应急能力。

一、培训的对象

根据《突发事件应对法》《安全生产法》《国务院安委会办公室关于贯彻落实国务院〈通知〉精神进一步加强安全生产应急救援体系建设的实施意见》（安委办〔2010〕25 号），以及《企业安全生产应急管理九条规定》（国家安全生产监督管理总局令第 74 号）等法律法规及规章的要求，全面加强安全生产应急管理培训与教育工作，为安全生产应急管理和应急救援工作提供人才保障和智力支持。因此，应急培训的范围应包括政府主管部门、专业应急救援队伍、企业全员、社区居民。

政府应急主管部门培训：所有负有应急管理职责的地方政府部门、志愿者等，都应参加应急培训，以便加强事故应急工作思想的指导和事故应急计划的有效实施。

专业应急救援队伍培训：定期进行专业应急救援队伍的培训，不断加强对突发事故的应急响应和处置能力。

企业全员培训：企业应对内部员工进行有针对性、分层次的应急培训，确保企业员工明确自己的应急职责并掌握必要的应急技能。

社区居民培训：在可能发生应急事故时居民应能够作出积极有序的响应，避免产生负面效应。

二、培训方式和要求

应急培训的方式有很多种，可以用培训班、讲座、模拟、自学、小组受训和考试等方式，但是以培训与教育授课的方式居多。

根据国家相关法律法规对事故应急救援培训的规定，以及一些省、市、自治区对这项工作的相关培训要求，总结如下：

1. 制定各级行政企事业单位应急管理培训指导纲要和培训计划、统一配备教材、完善培训手段、加强培训师资队伍建设、统筹培训经费、建立培训质量评估和考核制度。

2. 严格社会培训机构相关资格资质认定，建立应急管理培训机构准入制度，应急救援的培训工作应该由专门的培训机构进行专业化培训。根据事故灾害类别和级别及采取的应急响应进行教育培训，以便减轻事故灾害带来的影响。

3. 应急救援培训工作可根据领导干部、应急管理干部、政府新闻发言人、基层干部、企业负责人、应急救援队伍和应急救援志愿者各社会工作分工不同而进行有针对性和实用性的定期培训。安全生产培训机构应建立培训档案。

三、培训内容

应急培训与教育包括对参与应急行动所有相关人员的最低程度的应急培训与教育，要求应急人员了解和掌握如何识别危险、如何采取必要应急措施、如何启动紧急情况警报系统、如何安全疏散人群等基本操作。

1. 危险源的识别

（1）危险源的定义。危险源是指可能导致伤害或疾病、财产损失、工作环境破坏或这些情况组合的根源或状态。

所有危险都是由危险源衍生而来。

（2）危险源的分类。任何危险源都是由两部分组成：第一类危险源和第二类危险源。它们是性质完全不同的两类危险源，其辨识、评价和控制的原则、方法也不相同。

1）第一类危险源：产生能量的能量源或拥有能量的载体和危险物质及生产、储存危险物质的设备、容器或场所。如果能量源具有能量越高或危险物质量越大或毒害性越剧烈，则该危险源发生事故造成的后果就越严重。

2）第二类危险源：导致或可能导致能量或危险物质的约束或限制措施破坏或失效的各种不安全因素，比如人为失误。

由于第一类危险源是客观存在于我们生产经营活动场所的，所以我们安全工作的重点是控制第二类危险源。

（3）危险源辨识。危险源辨识就是将某地区或企业中可能存在的危险源（尤其是重大危险源）辨识出来的过程。

在辨识危险源的过程中，应重点收集以下几个方面的资料与信息（以危险化学品为例）：

1）本地区或企业内，危险化学品的类别与数量。

2）生产、储存、使用或处置危险化学品的位置。

3）生产、储存、使用或处置危险化学品的工艺条件。

4）危险化学品的危险特性。

2. 报警

（1）使应急人员了解并掌握如何利用身边的工具最快最有效的报警，比如用手机电话、寻呼机、无线电、网络或其他报警方式。

（2）使应急人员熟悉发布紧急情况通告的方法，如使用警笛、警钟、电话或广播等。

（3）当事故发生后，为及时疏散事故现场的所有人员，应急队员应掌握如何在现场贴发警报标志。

3. 疏散

为避免事故中不必要的人员伤亡，应培训与教育足够的应急队员在紧急情况下安全、有序地疏散被困人员或周围人员。对人员疏散的培训可在应急演练中进行，通过演练还可以测试应急人员的疏散能力。

4. 培训重点

由于在现实社会中，火灾事故和危险物质泄漏事故是最常见的事故类型，因此对灭火操作、危险物质泄漏事故的不同应急水平和注意事项等内容在教育培训中要格外得到重视。

（1）火灾应急培训。要求应急队员必须掌握必要的灭火技术以在着火初期迅速灭火，降低或减小导致灾难性事故的危险，掌握灭火装置的识别、使用、保养、维修等基本技术。火灾应急培训与教育主要是针对消防队员来进行的，也要对普通公民进行火灾预防和基本的火灾逃生避难教育和培训。

（2）不同水平应急者培训与教育。针对不同水平的应急人员，其教育培训的基本内容有所不同。下面以针对危险品事故的应急，将应急者分为五种水平，来阐述每种水平相应的教育培训内容和要求。

1）初级意识水平应急者通常是处于能首先发现事故险情并及时报警位置上的人员，例如保安、门卫、巡查人员等。对他们的要求包括：

①确认危险物质并能识别危险物质的泄漏迹象。

②了解所涉及的危险物质泄漏的潜在后果。

③了解应急者自身的作用和责任。

④能确认必需的应急资源。

⑤如果需要疏散，限制未经授权人员进入事故现场。

⑥熟悉事故现场安全区域的划分。

⑦了解基本的事故控制技术等。

2）初级操作水平应急者主要参与的是预防危险物质泄漏的操作，以及发生泄漏后的事故应急，其作用是有效阻止危险物质的泄漏，降低泄漏事故可能造成的影响。对他们的教育培训要求包括：

①掌握危险物质的辨识、确认、危险程度分级方法。

②掌握基本的危险和风险评价技术。

③学会正确选择和使用个人防护设备。

④了解危险物质的基本术语及特性。

⑤掌握危险物质泄漏的基本控制操作。

⑥掌握基本的危险物质清除程序。

⑦熟悉应急计划的内容等。

3）危险物质专业水平应急者的培训与教育应根据有关指南要求来执行，达到或符合指南要求以后才能参与危险物质的事故应急。对其培训要求除了掌握上述应急者的知识和技能以外，还包括：

①保证事故现场的人员安全，防止不必要伤亡的出现。

②执行应急行动计划。

③识别、确认、证实危险物质。

④了解应急救援系统各角色的功能和作用。

⑤了解特殊化学品个人防护设备的选择和使用。

⑥掌握危险和风险的评价技术。

⑦了解先进的危险物质控制技术。

⑧执行事故现场清除程序。

⑨了解基本的化学、生物、放射学的术语和其表现形式等。

4）危险物质专家水平的应急者通常与危险物质专业人员一起对紧急情况作出应急处置，并向危险物质专业人员提供技术支持。因此要求该类专家所具有的关于危险物质的知识和信息必须比危险物质专业人员更广博更精深。所以，危险物质专家水平应急者必须接受足够的专业培训与教育，以使其具有相当高的应急水平和能力，主要包括：

①接受危险物质专业水平应急者的所有培训与教育要求。

②理解并参与应急救援系统的角色作用和分配。

③掌握完善的风险和危险评价技术。

④掌握危险物质的有效控制操作。

⑤参加一般清除程序的制定与执行。

⑥参加特别清除程序的制定与执行。

⑦参加应急行动结束程序的执行。

⑧掌握化学、生物、毒理学的术语与表示形式等。

5）事故指挥者水平应急者主要负责的是对事故现场的控制并执行现场应急行动，协调应急队员之间的活动和通信联系。一般该水平的应急者都具有相当丰富的事故应急和现场管理的经验，由于他们的责任重大，要求他们参加的培训与教育应更全面和严格，以提高应急者的素质，保证事故应急的顺利完成。通常，该类应急者应该具备下列能力：

①协调与指导所有的应急活动。

②负责执行一个综合的应急计划。

③对现场内外应急资源的合理调用。

④提供管理和技术监督，协调后勤支持。

⑤协调信息传媒和政府官员参与的应急工作。

⑥提供事故后果的文本。

⑦负责向国家、省市、当地政府递交的事故报告的撰写提供指南。

⑧负责提供事故总结。

不同水平应急者的教育培训与危险品公路运输应急救援系统相结合，能使应急队员接受充分的教育培训，从而保证队员的素质。

基本的应急培训教育仅仅提供了一般事故伤害的应急培训教育，一旦发生事故，参与应急救援的人员很有可能暴露于化学、物理伤害，放射性和病菌感染等各种特殊事故危险中，因此还要对他们进行此类事故危害（比如接触化学品、受限空间营救、病原体感染等方面）的应急培训与教育。

第二节　事故应急救援演练

事故应急救援演练是各类事故及灾害应急准备过程中的一项重要工作，对于评估应急准备状态、检验应急人员实际操作水平、发现并及时修改应急预案中的缺陷和不足等具有重要意义。

一、应急演练概述

应急演练是指来自多个机构、组织或群体的人员针对模拟的紧急情况，执行实际紧急事件发生时各自所承担任务的排练活动。

应急演练的目的是通过培训、评估、改进等手段提高保护公众生命财产安全和环境的综合应急能力，说明应急预案的各部分或整体是否能有效的付诸实施，验证应急预案应对可能出现的各种紧急情况的适应性，找出应急准备工作中可能需要改善的地方，确保建立和保持可靠的通信渠道及应急人员的协同性，确保所有应急组织都熟悉并能够履行他们的职责，找出需要改善的潜在问题。

应急演练必须遵守相关法律、法规、标准和应急预案规定，做到领导重视、科学计划、结合实际、重点突出、组织周密、统一指挥、由浅入深、分步实施、讲究实效、注重质量。另外，应急演练原则上避免惊动公众。

应急演练过程中要确定演练日期、确定演练目标和演练范围、编写演练方案、确定演练现场规则、指定评价人员、编写演练报告总结等单独任务。在设计演练方案时就应围绕应急动员、指挥和控制、事态评估、警报与紧急公告、应急响应人员、交通管制、人员安置与紧急医疗服务等目标。

根据我国重大事故应急管理体制与应急准备工作的相关要求，应急演练一般可分为桌面演练、功能演练和全面演练。应急演练参与人员按照演练过程中扮演的角色和承担的任务可分为演练人员、控制人员、模拟人员、评价人员和观摩人员。

二、应急演练准备

进行应急演练前要成立演练领导机构，在应急演练准备阶段应完成确定演练目标和范围、编写演练方案、制定演练现场规则，并进行人员培训等。

根据应急演练基本任务，事先在演练需求分析的基础上确定本次演练的一组目标，制定演练目标组织方案，确定演练范围与签订演练协议。

应急演练方案的编写要以演练情景设计为基础，必须说明事故相关情景，明确和规划事故各阶段的时间和内容。方案内容主要包括情景说明书、演练计划、评价计划、情景事件总清单、演练控制指南、演练人员手册、通信录等。

制定演练现场规则，确保演练安全和顺利地进行。对参与演练评价人员要进行评价方法和程序方面的培训。对所有参与演练的人员要进行演练方案的介绍，确保了解演练现场规则、演练情景和演练计划中与各自工作相关的内容。

三、应急演练实施

应急演练实施阶段是指从宣布事件起到演练结束的整个过程，包括演练控制和演练实施要点两部分内容。

1. 演练控制

演练活动一般始于报警消息，参演应急组织和人员应尽可能按实际紧急事件发生时的响应要求进行演练。演练过程中，参演领导的作用主要是宣布演练开始和结束。控制人员的作用主要是向演练人员传递控制消息，提醒演练人员采取必要行动以正确展示所有演练目标。

2. 演练实施要点

通过分析国内外演练实例，应急功能的演练实施主要有初次通报、指挥与控制、通信、警报与紧急公告、公共信息与社区关系、资源管理、卫生与医疗服务、应急人员安全、公众保护措施、火灾与搜救、事态评估、人道主义服务和市政工程等要点。

四、应急演练评价与总结

应急演练评价与总结是通过演练评价过程编写、提交演练评价报告和总结报告，发现应急预案问题进行整改。

1. 应急演练评价

演练评价是指观察和记录演练活动、比较演练人员表现与演练目标要求并提出演练发现的问题。其目的是确定演练是否已经达到演练目标的要求，检验各应急组织指挥人员及应急响应人员完成任务的能力。

通过评价组织方式、评价目标与标准等程序和策略的方法，发现演练过程中在应急救援体系、应急预案、应急执行程序或应急组织中存在的不足项、整改项和改进项。

2. 应急演练总结

应急演练结束后进行总结是一个重要步骤，通过总结可以使演练人员进行自我评价，编写演练报告是对演练情况的详细说明和对该次演练的评价过程。

演练报告内容应该包括演练的背景信息（含演练地点、时间、气象条件等），参演的应急组织，演练情景与演练方案，演练目标、范围和签订的演练协议，应急情况的全面评价（含对前次演练不足项在本次演练中的表现描述），演练发现与纠正措施建议，对应急预案和有关执行程序的改进意见，对应急设施和设备维护与更新方面的建议，对应急组织和应急响应人员能力与培训方面的建议等方面。

复习思考题

1. 应急培训对象和要求有哪些？
2. 事故应急演练基本程序是什么？

技能实训四：事故应急预案模拟演练

一、实训目标

1. 检验学生对应急预案的掌握情况。
2. 锻炼学生应急能力。
3. 检验应急预案相关环节、步骤的合理性。

二、任务描述

对第三章案例分析中的应急预案进行模拟演练，假设发生了较大的液氨泄漏事故，将学生分成不同参与者，在实训室进行现场模拟演练。

三、任务准备

1. 要求学生提前熟悉演练预案内容。
2. 按照不同的应急人员，提前进行演练人员角色分配。
3. 准备好应急模拟器材，包括液氨泄漏模拟装置、个体防护装置等。
4. 提前布置好模拟现场。
5. 提前确定模拟演练时间。

四、知识要点

1. 应急报警及响应程序。
2. 信息报送流程。
3. 事故现场处置方法措施。

五、实训过程

1. 在实训室集合按照预定分组布置演练任务。
2. 确认现场设备设施布置完善后宣布启动应急演练。
3. 进行应急预案模拟演练。
4. 教师进行演练现场评估。
5. 演练总结。

六、注意事项

事故演练一定要严肃对待，按照真实事故进行演练，演练中要服从安排和指导。

七、总结与思考

1. 演练中发现什么问题?

2. 如果演练中的事故发展为重大事故，演练内容该如何调整?

第五章

事故现场应急处置

本章学习目标

1. 知识目标

熟悉事故现场应急处置基本内容；掌握典型事故应急处置方法。

2. 技能目标

能够针对不同事故类型采取正确的现场处置措施。

第一节　事故现场应急处置基本内容

事故现场应急处置包括许多环节，对事故现场控制和安排是其中很重要的一个环节，由于这个环节工作内容复杂繁重，且现场控制与安排成功与否直接决定了整个事故应急处置的效率和质量。因此，科学合理地对事故现场处置不仅大大降低事故造成的损失，也是国家和地区政府部门应急处置能力的重要体现。

对发生事故的现场进行处置，要把握好应该遵循的原则，选择科学的处置方法，严谨有序地进行现场应急处置，力争做到居民人身安全和公共财物不波及、事故受灾范围不扩大、事故灾害持续时间不延续。

所有事故都具有突发、紧急、较强危险性的特性，尤其是火灾爆炸类事故、有毒有害物质泄漏及中毒事故、矿山安全类事故比较常见。针对这类事故的现场处置主要体现在对事故现场的控制与安排上。

一、事故现场处置原则

1. 快速反应原则

灾害事故都会对公众生命和财产安全及正常社会秩序构成严重威胁，尤其是火灾、爆炸、有毒有害物质泄漏和矿山事故。这些灾害事故的突发特性导致了现场处置过程中对时间把握上的难度，任何延误都可能带来不可估量的损失和严重后果。因此，事故现场的处置必须把握快速反应的原则。

事故发生后，现场处置工作并没有固定模式，一方面要遵循事故处置的一般原则；另一方面也需要根据事故性质与所影响的范围灵活掌握、灵活处理。有的事故在爆发的瞬间就已结束，没有继续蔓延的条件，但大多数事故在救援和处置过程中可能还会继续蔓延扩大，如果处置不及时，很可能带来灾难性的后果甚至引发其他事故。事故现场控制的作用，首先体现在防止事故继续蔓延扩大方面。因此，事故现场处置必须在第一时间作出反应，以最快的速度和最高的效率进行现场控制。由此可见，快速反应原则是事故应急处置中的首要原则。

2. 救助原则

事故发生后会产生数量和范围不确定的受害者。受害者的范围包括事故中的直接受害人、间接受到伤害的群体和个人。受害人所需要的救助往往是多方面的，一般体现在生理上、心理上和精神层面上。例如，火灾、爆炸和恐怖袭击等灾难性事故的现场往往会有大量的伤亡人员（直接受害人），他们会在生理和心理上承受着双重打击；同时，事故的幸存者和亲历者虽然没有明显的心理创伤，但也会产生各种各样的负面心理反应。因此，事故应急处置的部门和人员在进行现场控制的同时应立即展开对受害者的救助，及时抢救护送危重伤员、救援受困群众、妥善安置死亡人员、安抚在精神与心理上受到严重冲击的人。

3. 人员疏散原则

在大多数事故应急处置现场，把处于危险境地的受害者尽快疏散到安全地带，避免出现更大伤亡的灾难性后果，是一项极其重要的工作。在很多伤亡惨重的事故中，没有及时进行人员安全疏散是造成群死群伤的主要原因。

无论是自然灾害还是人为的事故，或者其他类型的事故，在决定是否疏散人员的过程中，需要考虑的因素一般有：

（1）是否可能对群众的生命和健康造成危害，特别是要考虑是否存在潜在的危险性。

（2）事故的危害范围是否会扩大或蔓延。

（3）是否会对环境造成破坏性的影响。

4. 保护现场原则

按照一般的程序，事故应急处置工作结束之后，或在应急处置过程的适当时机，调查工作就需要介入，以分析事故的原因与性质，发现、收集有关证据，查清事故的责任者。现场处置工作中所采取的一切措施都要有利于日后对事故的调查。在实践中容易出现的问题是应急人员的注意力都集中在救助伤亡人员，或防止灾难的蔓延扩大上，而忽略了对现场与证据的保护，结果在事后发现其中有犯罪嫌疑需要收集证据时，现场已遭到破坏，给调查工作带来被动。因此，必须在进行现场处置的整个过程中，把保护现场作为原则贯彻始终。虽然对事故的应急处置与调查处理是不同的环节和过程，但在实际工作中没有明确的界限，不能把两者截然分开。

5. 保护应急参与人员安全原则

美国“9·11”事件的现场应急处置工作有很多值得总结的经验，但是同时也给人们留下了许多值得思考的问题。美国“9·11”事件300多名警察与消防人员牺牲，造成牺牲的原因很多，有现场指挥的失误，也有在紧急情况下信息不充分的问题。不过人们思考最多的一个问题是对于警察、消防人员与其他应急机构等经常参与安全危机事件的应急处置的人员来说，不必要的代价是否值得付出？在“9·11”事件之前，人们在价值观念上推崇那些为了人民群众的安全和利益不怕流血牺牲的人，在一些事故的应急现场，也会经常听到一些指挥决策人员发出“不惜任何代价要……”（包括应急参与人员的生命）之类的指令，结果造成更大的伤亡和损失。这种理念精神在某种情况之下是值得提倡和发扬的，但在应急过程中，如果没有科学的方法与态度，这种精神就可能成为一种盲目的、不负责任的冲动。从理性的角度考虑，在事故的应急处置中，应当明确的一个基本目标是保证所有人的安全，既包括受害人和潜在的受害人，也包括应急处置的参与人员，而且首先要保证应急参与人员的安全，不能为了执行一个不负责任的命令而牺牲无辜的应急人员的安全。事故现场的应急指挥人员在指导思想上也应当充分地权衡各种利弊得失，尽可能使现场的应急决策科学化与最优化，避免付出不必要的牺牲和代价。

二、事故现场处置的基本方法

在事故现场处置过程中，要做出一系列应急安排防止事故进一步蔓延扩大，使人员伤亡与财产损失降低到最低程度。但是由于事故发生时间、环境、地点不同，事故类型、影响范围和损坏程度都不尽相同，进而其现场处置方法也有区别。事故现场控制一般有以下方法：

1. 警戒线控制处置法

警戒线控制处置法是指由参加现场处置工作的人员对需要保护的重大或者特别重大的事故现场站岗警戒，防止非应急处置人员与其他无关人员随意进出现场，干扰应急处置工作正常进行的特别保护法。在重特大事故现场或其他相关场所，根据事故的性质、规模、特点等不同情况或需要，应安排公安机关的警察、保安人员或企业事业单位的保卫人员等应急参与人员实施警戒保护。对于范围较大的事故现场，应从其核心现场开始，向外设置多层警戒线。

事故现场设置警戒线的作用：一方面为了保证现场处置工作的顺利进行，使应急人员在心理上有种安全感，同时避免外来的未知因素对现场的安全构成威胁；另一方面为了避免现场可能存在的各种危险源危及周围无关人员的安全。警戒线的设置在范围上应坚持宜大不宜小的原则，在实践中，各国普遍的做法是设置两层以上的警戒线。

2. 区域控制处置法

在有些事故的应急处置过程中，可能点多面广，需要处置的问题比较多，处置工作必然存在优先安排的排序问题；也可能由于环境等因素的影响，需要对某些局部区域采取不同的控制措施，控制进入现场的人员数量。区域控制建立在现场概况的基础上，即在不破坏现场的前提下，在现场外围对整个事故发生环境进行总体观察，确定重点区域、重点地带、危险区域和危险地带。现场区域控制遵循的原则是：先重点区域，后一般区域；先危险区域，后安全区域；先外围区域，后中心区域。具体实施区域控制时，一般应在现场专业处置人员的指导下进行，由事发单位或事发地的公安机关指派专门人员具体实施。

3. 遮盖控制处置法

遮盖控制处置法实际上是保护现场与现场证据的一种方法。在事故处置现场，有些物证的时效性要求往往比较高，天气因素的变化可能会影响取证的真实性；有时由于现场比较复杂，破坏比较严重，再加上应急处置人员不足，不能立即对现场进行勘查、处置，因此需要用其他物品对重要现场、重要物证和重要区域进行遮盖，以利于后续工作的开展。遮盖物一般多采用干净的塑料布、帆布和草席等物品，起到防风、防雨、防日晒及防止无关人员随意触动的作用。应当注意的是，除非万不得已，一般尽量不要使用遮盖控制处置法，防止遮盖物沾染某些微量物证或检材，影响取证及后续的化学物理分析。

4. 以物围圈控制处置法

为了维持现场处置的正常秩序，防止现场重要物证被破坏及危害扩大，可以用其他物体对现场中心地带周围进行围圈。一般来讲，可以使用一些不污染环境、阻燃隔爆的物体。如果现场比较复杂，还可以采用分区域和分地段的方式进行。

5. 定位控制处置法

有些事故现场由于死伤人员较多，物体变动较大，物证分布范围较广，采取上述几种现场控制方法，可能会给事发地的正常生活和工作秩序带来一定的负面影响，这就需要对现场特定死伤人员、特定物体、特定物证、特定方位和特定建筑等采取定点标注的控制方法，使现场处置有关人员对整体事件现场能够一目了然，做到定量和定性相结合，有利于下一步工作的开展。定位控制一般可以根据现场大小和破坏程度等情况，首先按区域和方位对现场进行区域划分，可以有形划分，也可以无形划分，如长条形、矩形、圆形和螺旋形等形式。然后，每一划分区域指派若干现场处置人员，用色彩鲜艳的小旗对死伤人员、重要物体、重要物证和重要痕迹定点标注。最后，根据现场应急处置需要，在此基础上开展下一步的工作。这也是欧美国家在处置重大事故现场过程中常采用的一种方法。

三、事故现场处置过程

在事故抢险中，尽管由于发生事故的单位、地点、化学介质的不同，抢险程序会存在差异，但一般都是由接报、调集抢险力量、设点、询情、侦检、隔离、疏散、防护、现场急救、泄漏处置、现场洗消、火灾控制、撤点等步骤组成。其中事故现场处置一般按照设点、询情和侦检、隔离与疏散、防护、现场急救、泄漏处置、火灾控制、现场洗消和撤点的程序进行。

1. 现场设点

设点是指救援队伍进入事故现场，选择有利地形（地点）设置现场救援指挥部或救援、急救医疗点。

各救援点的位置选择关系到能否有序地开展救援和保护自身安全。救援指挥部、救援和医疗急救点的设置应考虑以下几项因素。

（1）地点：应选在上风向的非污染区域，需注意不要远离事故现场，便于指挥和救援工作的实施。

（2）位置：各救援队伍应尽可能在靠近现场救援指挥部的地方设点并随时保持与指挥部的联系。

（3）路段：应选择交通路口，利于救援人员或转送伤员的车辆通行。

（4）条件：指挥部、救援或医疗急救点，可设在室内或室外，应便于人员行动或伤员的抢救，同时要尽可能利用原有通信、水和电等资源，有利于救援工作的实施。

（5）标志：指挥部、救援或医疗急救点，均应设置醒目的标志，方便救援人员和伤员识别。悬挂的旗帜应用轻质面料制作，以便救援人员随时掌握现场方向。

2. 询情和侦检

采取现场询问情况和现场侦检的方法，充分了解和掌握事故的具体情况、危害范围、潜在的险情（爆炸、中毒等）。

侦检是危险物质事故抢险处置的首要环节。侦检是指利用检测仪器检测事故现场危险物质的浓度、强度及扩散、影响范围，并做好动态监测。根据事故情况的不同，可以派出若干侦察小组，对事故现场进行侦察，每个侦察小组至少应有两个人。

3. 隔离与疏散

（1）建立警戒区域。事故发生后，应根据化学品泄漏扩散的情况或火焰热辐射所涉及的范围建立警戒区，并在通往事故现场的主干道上实行交通管制。

建立警戒区域时应注意以下几项。

警戒区域的边界应设警示标志，并有专人警戒；除消防、应急处理人员及必须坚守岗位的人员外，其他人员禁止进入警戒区；泄漏溢出的化学品为易燃品时，区域内应严禁火种。

（2）紧急疏散。迅速将警戒区及污染区内与事故应急处理无关的人员撤离，以减少不必要的人员伤亡。紧急疏散时应注意以下事项：如事故物质有毒时，需要佩戴个体防护用品或采用简易有效的防护措施，并有相应的监护措施；应向侧上风方向转移，明确专人引导和护送疏散人员到安全区，并在疏散或撤离的路线上设立哨位，指明方向；不要在低洼处滞留；要查清是否有人留在污染区与着火区。

4. 防护

根据事故物质的毒性及划定的危险区域，确定相应的防护等级，并根据防护等级按标准配备相应的防护器具。

5. 现场急救

在事故现场，化学品对人体可能造成的伤害为：中毒、窒息、冻伤、化学灼伤、烧伤等。进行急救时，不论患者还是救援人员都需要进行适当的防护。

6. 泄漏处置

危险物质泄漏后，不仅污染环境，对人体造成伤害，如遇可燃物质，还有引发火灾爆炸的可能。因此对泄漏事故应及时、正确处理，防止事故扩大。泄漏处理一般包括泄漏源控制及泄漏物质处理两大部分。

7. 火灾控制

危险化学品容易发生火灾、爆炸事故，但不同的化学品及在不同情况下发生火灾时，其扑救方法差异很大，若处置不当，不仅不能有效扑灭火灾，反而会使灾情进一步扩大。从事化学品生产、使用、储存、运输的人员和消防救护人员平时应熟悉和掌握化学品的主要危险特性及其相应的灭火措施，并定期进行防火演习，加强紧急事态时的应变能力。

8. 现场洗消

洗消是消除染毒体和污染区毒性危害的主要措施。危险化学品事故发生后，事故现场及附近的道路、水源都有可能受到严重污染，若不及时进行洗消，污染会迅速蔓延，造成更大危害。

9. 撤点

撤点是指应急救援工作结束后，离开现场或救援的临时性转移。

四、事故现场处置保障措施

发生安全事故，为提高现场处置效率，需有良好的保障措施，完善的事故现场保障措施可以使现场救援事半功倍。

1. 现场的通信与信息保障

建立健全安全生产事故应急救援综合信息网络系统和信息报告系统；建立完善救援力量和资源信息数据库；规范信息获取、分析、发布、报送格式和程序，保证应急机构之间的信息资源共享，为应急决策提供相关信息支持。

2. 救援装备保障

各专业应急救援队伍和企业按照相关规定，并根据实际情况和需要配备必要的应急救援装备。专业应急救援指挥机构应当掌握本专业的救援装备情况。

3. 交通运输保障

交通部门应对各类运输工具的数量、车型或船型进行统计并建立动态数据库。应保障公路和水运设施的完好、畅通，公路设施和水运设施受损时要迅速组织有关部门和专业队伍进行抢修，尽快恢复良好状态，做好运输保障工作。公安部门负责紧急处置交通安全保障的组织与实施，依法实施道路交通管制。

4. 应急队伍保障

各级政府和大、中型企业应当依法组建和完善救援队伍，加强现有应急救援队伍建设。各级、各行业事故应急救援机构负责检查并掌握相关应急救援力量的建设和准备情况。

5. 医疗卫生保障

事故发生后，必须快速组织医疗救护人员对伤员进行应急救治，尽最大可能减少伤亡。在各级政府部门卫生局指导下，医疗急救中心负责院前急救转运工作，各级医院负责后续救治，红十字会等群众性救援组织和队伍应积极配合专业医疗队伍，开展群众性卫生救护工作。同时要根据事故的特性和需要，做好疾病控制、消毒隔离和卫生防疫准备，并严密组织实施。

6. 物资保障

各级政府的发改委、经委、商务局等部门负责组织、协调救援物资的储备、调拨和紧急供应，食品药品监督管理局负责药品的储存、供应。紧急处置工作中救援物资的调用，由安全生产应急救援指挥中心组织协调，各相关职能部门负责实施。

各级政府、有关部门和企业应当建立应急救援设施、设备、救治药品和医疗器械等储备制度，储备必要的应急物资和装备。各专业应急救援机构根据实际情况，负责监督应急物资的储备情况，掌握应急物资的生产加工能力及储备情况。

7. 资金保障

生产经营单位应当做好事故应急救援必要的资金准备。安全生产事故应急救援资金首先由事故责任单位承担，事故责任单位暂时无力承担的，视情况由事故责任单位所在政府或政府协调解决。

8. 应急避难场所保障

根据防灾、避灾的要求，城市建设部门应根据城市发展和应对突发事件的特殊情况，在大型城市广场、公园、绿地、学校操场和人防设施等项目建设时应考虑增加应急避难场所的功能。

9. 技术储备保障

各级政府安委会办公室成立安全生产专家组，为安全生产事故应急救援提供技术支持和保障。要充分利用安全生产技术支撑体系的专家和机构，研究事故应急救援重大问题，开发应急技术和装备。

第二节 典型事故现场应急处置

一、火灾爆炸事故现场应急处置

应急人员到达火灾爆炸事故现场后必须尽快成立指挥部，进行信息收集和事故评价，在“以人为本”的前提下，做出正确决策，研究制定灭火方案，作出快速反应。

根据实际情况可以将现场处置分为灭火、控制火灾而不扑灭、完全撤离三种情况。

有些火灾之所以称为典型火灾，是因为它具有以下特征：

在火灾的发生中，人的行为起到了决定性作用；起火源和起火物的种类特殊；起火特征和现场特征特殊；火灾发生的场所特殊；火灾发生的原因特殊。

1. 火灾爆炸事故现场处置总要求

（1）先控制，后灭火。针对火灾事故的发火源性质、燃烧面积等现场火情，进行侦察分析，做到针对特点、统一指挥、以快治快、堵截火势、防止蔓延、重点突破、排除险情、分割包围、速战速决。

（2）扑救人员应占领上风或侧风位置，以免遭受有毒有害气体的侵害。

（3）进行火情侦察、火灾扑救及火场疏散人员应有针对性地采取自我防护措施。

（4）应迅速查明燃烧范围、燃烧物品及其周围物品的品名和主要危险特性、火势蔓延的主要途径。

（5）正确选择最适应的灭火剂和灭火方法。火势较大时，应先堵截火势蔓延，控制燃烧范围，然后逐步扑灭火势。

（6）对有可能发生爆炸、爆裂、喷溅等特别危险需紧急撤退的情况，应按照统一的撤退信号和撤退方法及时撤退。

2. 火灾爆炸事故现场的灭火方法

火灾扑救的首要对策就是采用正确的灭火剂和灭火方法。灭火的基本方法就是为了破坏燃烧必备的基本条件所采取的基本措施。基本方法如下：

（1）冷却灭火法。灭火原理是根据可燃物质发生燃烧时必须达到一定的温度这个条件，将灭火剂喷射于燃烧物上，通过吸热使其温度降低到燃点以下，使火焰熄灭的方法，比如水和二氧化碳。

（2）隔离灭火法。灭火原理是隔离燃烧发生必须具备可燃物质的这个条件，燃烧会因为缺少可燃物质而停止。

（3）窒息灭火法。灭火原理是根据可燃物质发生燃烧时必须有足够的空气（氧气）这个条件，采取措施使燃烧得不到充足的氧气而熄灭。

（4）抑制灭火法。灭火原理是使灭火剂参与燃烧的链式反应，使燃烧过程中产生的游离基消失，形成稳定分子或低活性的游离基，从而使燃烧反应停止，比如干粉、1211。

3. 不同种类危险化学品的灭火对策

（1）扑救易燃液体的基本对策。首先应切断火势蔓延的途径，冷却和疏散受火灾威胁的压力及密闭容器和可燃物，控制燃烧范围，并积极抢救受伤和被困人员。如有液体流淌，应筑堤（或用围油栏）拦截飘散流淌的易燃液体或挖沟导流。

及时了解和掌握着火液体的品名、相对密度、水溶性，以及有无毒害、腐蚀、沸溢、喷溅等危险性，以便采取相应的灭火和防护措施。

较大的储罐或流淌火灾，应准确判断着火面积。小面积（50 m^2以内）液体火灾，一般用雾状水扑灭。用泡沫、干粉、二氧化碳、卤代烷（1211、1301）灭火一般更有效。大面积液体火灾则必须根据其相对密度（比重）、水溶性和燃烧面积大小，选择正确的灭火剂扑救。

比水轻又不溶于水的液体（汽油、苯等），用直流水、雾状水灭火往往无效。可用普通蛋白泡沫或轻水泡沫灭火。用干粉、卤代烷扑救时灭火效果要视燃烧面积大小和燃烧条件而定，最好用水冷却罐壁。

具有水溶性的液体（如醇类、酮类等），虽然从理论上讲能用水稀释扑救，但用此法要使液体闪点消失，水必须在溶液中占很大的比例。这不仅需要大量的水，也容易使液体溢出流淌，而普通泡沫又会受到水溶性液体的破坏，因此，最好用抗溶性泡沫扑救，用干粉或卤代烷扑救时，灭火效果要视燃烧面积大小和燃烧条件而定，也需用水冷却罐壁。

扑救毒害性、腐蚀性或燃烧产物毒害性较强的易燃液体火灾，扑救人员必须佩戴防护面具，采取防护措施。

扑救原油和重油等具有沸溢和喷溅危险的液体火灾，如有条件，可采用取放水、搅拌等防止发生沸溢和喷溅的措施，在灭火同时必须注意计算可能发生沸溢、喷溅的时间，并观察是否有沸溢、喷溅的征兆。指挥员发现危险征兆时应立即做出准确判断，及时下达撤退命令，避免造成人员伤亡和装备损失。扑救人员看到或听到统一撤退信号后，应立即撤至安全地带。

易燃液体管道或储罐泄漏着火，在切断蔓延途径把火势限制在一定范围内的同时，对输送管道应设法找到并关闭进、出阀门，如果管道阀门已损坏或是储罐泄漏，应迅速准备好堵漏材料，然后先用泡沫、干粉、二氧化碳或雾状水等扑灭地上的流淌火焰，为堵漏扫清障碍，其次再扑灭泄漏口的火焰，并迅速采取堵漏措施。与气体堵漏不同的是，液体一次堵漏失败，可连续堵几次，只要用泡沫覆盖地面，并堵住液体流淌和控制好周围着火源，不必点燃泄漏口的液体。

（2）扑救毒害品和腐蚀品的对策。毒害品和腐蚀品对人体都有一定的危害。毒害品主要经口和吸入蒸气或通过皮肤接触引起人体中毒。腐蚀品是通过皮肤接触人体形成化学灼伤。毒害品、腐蚀品有的本身能着火，有的本身并不能着火，但与其他的可燃物品接触后能着火。这类物品发生火灾一般采取以下基本对策。

灭火人员必须穿防护服，佩戴防护面具。一般情况下采取全身防护即可，对有特殊要求的物品火灾，应使用专门的防护服。考虑到过滤式防毒面具范围的局限性，在扑救毒害物品火灾时应尽量使用隔绝式氧气或空气面具。为了在火场上能正确地使用和适应，平时应进行严格的适应性训练。

积极抢救受伤和被困的人员，限制燃烧范围。毒害品、腐蚀品火灾极易造成人员伤亡，灭火人员在采取防护措施后应立即投入到寻找和抢救受伤、被困人员的工作，并努力限制燃烧范围。

扑救时应尽量使用低压水流或雾状水，避免腐蚀品、毒害品溅出。遇酸类或碱类腐蚀品最好调制相应的中和剂稀释中和。

遇毒害品、腐蚀品容器泄漏，在扑灭火势后应采取堵漏措施。腐蚀品需要用防腐材料堵漏。

浓硫酸遇水能放出大量的热，会导致沸腾飞溅，需特别注意防护。扑救浓硫酸与其他可燃性物品接触发生的火灾，浓硫酸数量不多时，可用大量低压水快速扑救。如果浓硫酸量很大，应先用二氧化碳、干粉等灭火，然后再把着火物品与浓硫酸分开。

（3）扑救放射性物品火灾的基本对策。放射性物品是一类发射出人类肉眼看不见但却能严重损害人类生命和健康的各种射线和中子流的特殊物品。扑救这类物品火灾时必须采取特殊的能防护射线照射的措施。平时生产、经营、储存和运输、使用这类物品的单位及消防部门，应配备一定数量防护装备和放射性测试仪器。遇这类物品火灾一般应采取以下基本对策。

先派出精干人员携带放射性测试仪器，测试辐射（剂）量和范围。测试人员应尽可能地采取防护措施。

对辐射（剂）量超过 0.038 7 C/kg 的区域，应设置写有“危及生命、禁止进入”

的文字说明的警告标志牌。

对辐射（剂）量小于 0.038 7 C/kg 的区域，应设置写有“辐射危险、请勿接近”警告标志牌。测试人员还应进行不间断巡回监测。

对辐射（剂）量大于 0.038 7 C/kg 的区域，灭火人员不能深入辐射源纵深灭火进攻。对辐射（剂）量小于 0.0387 C/kg 的区域，可快速用水灭火或用泡沫、二氧化碳、干粉、卤代烷扑救，并积极抢救受伤人员。

对燃烧现场包装没有被破坏的放射性物品，可在水枪的掩护下佩戴防护装备，设法疏散，无法疏散时，应就地冷却保护，防止造成新的破损，增加辐射（剂）量。

对已破损的容器切忌搬动或用水流冲击，以防止放射性污染范围扩大。

（4）扑救易燃固体、易燃物品火灾的基本对策。易燃固体、易燃物品一般都可用水或泡沫扑救，相对其他种类的化学危险物品而言是比较容易扑救的，只要控制住燃烧范围，逐步扑灭即可。但也有少数易燃固体、自燃物品的扑救方法比较特殊，如 2，4－二硝基苯甲醚、二硝基萘、萘、黄磷等。

2，4－二硝基苯甲醚、二硝基萘、萘等是能升华的易燃固体，受热产生易燃蒸气。火灾时可用雾状水、泡沫扑救并切断火势蔓延途径，但应注意，不能以为明火焰扑灭即已完成灭火工作，因为受热以后升华的易燃蒸气能在不知不觉中飘逸，在上层与空气能形成爆炸性混合物，尤其是在室内，易发生爆燃。因此，扑救这类物品火灾千万不能被假象所迷惑。在扑救过程中应不时向燃烧区域上空及周围喷射雾状水，并用水浇灭燃烧区域及其周围的一切火源。

黄磷是自燃点很低、在空气中能很快氧化升温并自燃的自燃物品。遇黄磷火灾时，首先应切断火势蔓延途径，控制燃烧范围。对着火的黄磷应用低压水或雾状水扑救。高压直流水冲击能引起黄磷飞溅，导致灾害扩大。黄磷熔融液体流淌时应用泥土、沙袋等筑堤拦截并用雾状水冷却，对磷块和冷却后已固化的黄磷，应用钳子钳入储水容器中。来不及钳时可先用沙土掩盖，但应做好标记，等火势扑灭后，再逐步集中到储水容器中。

少数易燃固体和自燃物品不能用水和泡沫扑救，如三硫化二磷、铝粉、烷基铝、保险粉等，应根据具体情况区别处理。宜选用干沙和不用压力喷射的干粉扑救。

（5）扑救压缩或液化气体火灾的基本对策。压缩或液化气体总是被储存在不同的容器内，或通过管道输送。其中储存在较小钢瓶内的气体压力较高，受热或受火焰熏烤容易发生爆裂。气体泄漏后遇火源已形成稳定燃烧时，其发生爆炸或再次爆炸的危险性与可燃气体泄漏未燃时相比要小得多。遇压缩或液化气体火灾时一般应采取以下基本对策。

扑救气体火灾切忌盲目扑灭火势，在没有采取堵漏措施的情况下，必须保持稳定燃烧，否则大量可燃气体泄漏出来与空气混合，遇火源就会发生爆炸，后果将不堪设想。

首先应扑灭外围被火源引燃的可燃物火势，切断火势蔓延途径，控制燃烧范围，并积极抢救受伤和被困人员。

如果火势中有压力容器或有受到火焰辐射热威胁的压力容器，能疏散的应尽量在水枪的掩护下疏散到安全地带，不能疏散的应部署足够的水枪进行冷却保护。为防止容器爆裂伤人，进行冷却的人员应尽量采用低姿射水或利用现场坚实的掩蔽体防护。对卧式储罐，冷却人员应选择储罐四侧角作为射水阵地。

如果是输气管道泄漏着火，应设法找到气源阀门。阀门完好时，只要关闭气体的进出阀门，火势就会自动熄灭。

储罐或管道泄漏关阀无效时，应根据火势判断气体压力和泄漏口的大小及其形状，准备好相应的堵漏材料（如软木塞、橡皮塞、气囊塞、黏合剂、弯管工具等）。

堵漏工作准备就绪后，即可用水扑救火势，也可用干粉、二氧化碳、卤代烷灭火，但仍需用水冷却烧烫的罐或管壁。火扑灭后，应立即用堵漏材料堵漏，同时用雾状水稀释和驱散泄漏出来的气体。如果确认泄漏口非常大，根本无法堵漏，只需冷却着火容器及其周围容器和可燃物品，控制着火范围，直到燃气燃尽，火势自动熄灭。

现场指挥应密切注意各种危险征兆，遇有火势熄灭后较长时间未能恢复稳定燃烧或受热辐射的容器安全阀火焰变亮、耀眼、尖叫、晃动等爆裂征兆时，指挥员必须适时作出准确判断，及时下达撤退命令。现场指挥人员看到或听到事先规定的撤退信号后，应迅速作出撤退判断，及时下达撤退命令。现场人员看到或听到事先规定的撤退信号后，应迅速撤退至安全地带。

(6) 扑救爆炸物品火灾的基本对策。爆炸物品一般都有专门或临时的储存仓库。这类物品由于内部结构含有爆炸性基因，受摩擦、撞击、震动、高温等外界因素激发，极易发生爆炸，遇明火则更危险。遇爆炸物品火灾时，一般应采取以下基本对策。

1）迅速判断和查明再次发生爆炸的可能性和危险性，紧紧抓住爆炸后和再次发生爆炸之前的有利时机，采取一切可能的措施，全力制止再次爆炸的发生。

2）切忌用沙土盖压，以免增强爆炸物品爆炸时的威力。

3）如果有疏散可能，人身安全确有可靠保障，应立即组织力量及时疏散着火区域周围的爆炸物品，使着火区周围形成一个隔离带。

4）扑救爆炸物品堆垛时，水流应采用吊射，避免强力水流直接冲击堆垛，以免堆垛倒塌引起再次爆炸。

5）灭火人员应尽量利用现场现成的掩蔽体或尽量采用卧姿等低姿身射水，尽可能地采取自我保护措施。消防车辆不要停靠离爆炸物品太近的水源。

6）灭火人员发现有发生再次爆炸的危险时，应立即向现场指挥报告，现场指挥应立即做出准确判断，确有发生再次爆炸征兆或危险时，应立即下达撤退命令。灭火人员看到或听到撤退信号后，应迅速撤至安全地带，来不及撤退时，应就地卧倒。

（7）扑救遇湿易燃物品火灾的基本对策。遇湿易燃物品受潮或遇水能发生化学反应，产生可燃气体和热量，有时即使没有明火也能自动着火或爆炸，如金属钾、钠及三乙基铝（液态）等。因此，这类物品有一定数量时，绝对禁止用水、泡沫、酸碱灭火器等湿性灭火剂扑救。这类物品的这一特殊性给其火灾时的扑救带来了很大的困难。

通常情况下，遇湿易燃物品由于其发生火灾时的灭火措施特殊，在储存时要求分库或隔离分堆单独储存，但在实际操作中有时往往很难完全做到，尤其是在生产和运输过程中更难以做到，如铝制品厂往往遍地积有铝粉。对包装坚固、封口严密、数量又少的遇湿易燃物品，在储存规定上允许同室分堆或同柜分格储存。这就给其火灾扑救工作带来了更大的困难，灭火人员在扑救中应谨慎处置。对遇湿易燃物品火灾一般采取以下基本对策。

1）应了解清楚遇湿易燃物品的品名、数量、是否与其他物品混存、燃烧范围、火势蔓延途径。

2）如果只有极少量（一般在 50 g 以内）遇湿易燃物品，则不管是否与其他物品混存，仍可用大量的水或泡沫扑救。水或泡沫刚接触着火点时，短时间内可能会使火势增大，但少量遇湿易燃物品燃尽后，火势很快就会熄灭或减少。

3）如果遇湿易燃物品数量较多，且未与其他物品混存，则绝对禁止用水或泡沫、酸碱等湿性灭火剂扑救。遇湿易燃物品应用干粉、二氧化碳、卤代烷扑救，只有金属钾、钠、铝、镁等个别物品用二氧化碳、卤代烷无效。固体遇湿易燃物品应用水泥、干沙、干粉、硅藻土和蛭石等覆盖。水泥是扑救固体遇湿易燃物品火灾比较容易得到的灭火剂。对遇湿易燃物品中的粉尘如镁粉、铝粉等，切忌喷射有压力的灭火剂，以防止将粉尘吹扬起来，与空气形成爆炸性混合物而导致爆炸发生。

4）如果有较多的遇湿易燃物品与其他物品混存，则应先查明是哪类物品着火，遇湿易燃物品的包装是否损坏。可先用开关水枪向着火点吊射少量的水进行试探，如未见火势明显增大，证明遇湿物品尚未着火，包装也未损坏，应立即用大量水或泡沫扑救，扑灭火势后立即组织力量将淋过水或仍在潮湿区域的遇湿易燃物品疏散到安全地带分散开来。

如射水试探后火势明显增大，则证明遇湿易燃物品已经着火或包装已经损坏，应禁止用水、泡沫、酸碱灭火器扑救，若是液体应用干粉等灭火剂扑救，若是固体应用水泥、干沙等覆盖，如遇钾、钠、铝、镁轻金属发生火灾，最好用石墨粉、氯化钠及专用的轻金属灭火剂扑救。

5）如果其他物品火灾威胁到相邻的较多遇湿易燃物品，应先用油布或塑料膜等其他防水布将遇湿易燃物品遮盖好，然后再在上面盖上棉被并淋上水。如果遇湿易燃物品堆放处地势不太高，可在其周围用土筑一道防水堤。在用水或泡沫扑救火灾时，对相邻的遇湿易燃物品应留一定的力量监护。

由于遇湿易燃物品性能特殊，又不能用常用的水和泡沫灭火剂扑救，从事这类物品生产、经营、储存、运输、使用的人员及消防人员平时应经常了解和熟悉其品名和主要危险特性。

二、有毒有害物质泄漏事故现场应急处置

危险化学品事故的发生多与泄漏有关，而流体危险化学品事故引发的直接祸根就是泄漏。当危险化学品介质从其储存的设备、输送的管道及盛装的器皿中外泄时，极易引发中毒、火灾、爆炸及环境污染事故。

1. 泄漏的形式

泄漏是一种常见的现象，无处不在。泄漏所发生的部位是相当广泛的，几乎涉及所有的流体输送与储存的物体上。泄漏的形式和种类也是多种多样的，而按照人们的习惯称法多为漏气、漏汽、漏水、漏油、漏酸、漏碱；法兰漏、阀门漏、油箱漏、水箱漏、管道漏、三通漏、弯头漏、四通漏、变径漏、焊缝漏、轴封漏、反应器漏、换热器漏、填料漏、船漏、车漏、管漏等。跑、冒、滴、漏是人们对各种泄漏形式的一种通俗说法，其实质就是泄漏，涵盖气体泄漏和液体泄漏。

（1）按泄漏量分类。

液态介质可分为无泄漏、渗漏、滴漏、重漏、流淌五级。

1）无泄漏：检测不出有泄漏为准。

2）渗漏：一种轻微泄漏，表面有明显的介质渗漏痕迹，像渗出的汗水一样，故又称为渗汗。擦掉痕迹，几分钟后又出现渗漏痕迹。

3）滴漏：介质漏成水球状，缓慢地流下或滴下，擦掉痕迹，5 min 后再现水球状渗漏。

4）重漏：介质泄漏较重，连续成水珠状流下或滴下，但未达到流淌程度。

5）流淌：介质泄漏严重，介质喷涌不断，成线状流淌。

气态介质可分为无泄漏、渗漏、泄漏、重漏四级。

1）无泄漏：用小纸条或纤维检查为静止状态，用肥皂水检查无气泡。

2）渗漏：用小纸条检查微微飘动，用肥皂水检查有气泡，用湿的石蕊试纸检验有变色痕迹，有色气态介质可见淡色烟气。

3）泄漏：用小纸条检查时飞舞，用肥皂水检查气泡成串，用湿的石蕊试纸检验马上变色，有色气态介质明显可见。

4）重漏：泄漏气体产生噪声，可听见。

（2）按泄漏时间分类。可分为经常性泄漏、间歇性泄漏、突发性泄漏三种。突发

性泄漏最危险。

1）经常性泄漏：从安装运行或使用开始就发生的一种泄漏。施工质量、安装维修质量不佳造成。

2）间歇性泄漏：运转或使用一段时间后才发生的泄漏，时漏时停。

3）突发性泄漏：突然产生的泄漏，危害性很大。往往是由于误操作、超温超压、疲劳破坏和腐蚀等因素所致。

（3）按泄漏机理分类。可分为界面泄漏、渗透泄漏、破坏性泄漏三种。破坏性泄漏危险性最大。

1）界面泄漏：在密封件（垫片、填料）表面和与其接触件的表面之间产生的一种泄漏。

2）渗透泄漏：介质通过密封件（垫片、填料）本体毛细管渗透出来，这种泄漏发生在致密性较差的植物纤维、动物纤维和化学纤维等材料制成的密封件上。

3）破坏性泄漏：密封件由于急剧磨损、变形、变质、失效等因素，使泄漏间隙增大而造成的一种危险性泄漏。

（4）按泄漏密封部位分类。可分为静密封泄漏、动密封泄漏、关启件泄漏、本体泄漏。其中关启件泄漏最难治理，其次是动密封泄漏。

1）静密封泄漏：无相对运动密封副间的一种泄漏，如法兰、螺纹、箱体、卷口等结合面的泄漏。相对比较好治理，可用带压密封技术处理。

2）动密封泄漏：有相对运动密封副间的一种泄漏，如旋转轴与轴座间、往复杆与填料间、动环与静环间等，动密封的泄漏较难治理。

3）关启件泄漏：关闭件（如阀瓣、闸板、球体、旋塞、滑块等）与关闭座（阀座、旋塞体等）间的一种泄漏。这种泄漏很难治理。

4）本体泄漏：壳体、管壁、阀体等材料自身产生的一种泄漏，如砂眼、裂缝等缺陷的泄漏。

（5）按泄漏危害分类。可分为不允许泄漏、允许微漏、允许泄漏。

1）不允许泄漏：是指一种用感觉和一般方法检查不出密封部位有泄漏现象的特殊工况，如高易燃易爆、极度危害、放射性介质及非常重要的部位，是不允许泄漏的。

2）允许微漏：是指允许介质微漏而不至于产生危害的后果。

3）允许泄漏：是指一定场合下的水和空气类介质存在的泄漏。

（6）按泄漏介质流向分类。可分为向外泄漏、向内泄漏、内部泄漏。内部泄漏最难治理。

1）向外泄漏：介质从内部向外部空间传质的一种现象。

2）向内泄漏：外部空间的物质向受压体内部传质的一种现象，如空气和液体渗入真空设备容器中。

3）内部泄漏：密封系统内介质产生传质的一种现象，如阀门在密封系统中关闭后的泄漏。

（7）按泄漏介质分类。可分为漏气、漏汽、漏水、漏油等。泄漏产生的原因可分为纵向和横向两大类。如设计不良、制造不精、安装不正、操作不当、维修不周，可谓纵向原因。如受压系统内外压差、结合面间隙大小、密封结构形式、密封材料性能不同、介质性能（黏度、腐蚀性、浸润性、辐射性、导热性及介质分子大小等）优劣、内外温度高低及变化、轴与孔偏心距、旋转的线速度、往复次数、润滑状态好坏、震动和冲击的大小等因素的影响可谓横向原因。

2. 泄漏控制技术

泄漏控制技术是指通过控制危险化学品的泄放和渗漏，从根本上消除危险化学品的进一步扩散和流淌的措施和方法。泄漏控制技术应树立"处置泄漏，堵为先"的原则。当危险化学品泄漏时，如果能够采用带压密封技术来消除泄漏，那么就可降低甚至省略事故现场抢险中的隔离、疏散、现场洗消、火灾控制和废弃物处理等环节。

（1）关阀止漏法。管道发生泄漏，泄漏点如处在阀门之后且阀门尚未损坏，可采取关闭输送物料管道阀门、断绝物料源的措施，制止泄漏。但在关闭管道阀门时，必须设喷雾水枪掩护。如果泄漏部位上游有可以关闭的阀门，应首先关闭该阀门，如关掉一个阀门还不可靠时，可再关一个处于此阀上游的阀门，泄漏自然会消除；如果反应器、换热容器发生泄漏，应考虑关闭进料阀。通过关闭有关阀门、停止作业或通过采取改变工艺流程、物料走副线、局部停车、打循环、减负荷运行等方法控制泄漏源。若泄漏点位于阀门上游，即属于阀前泄漏，这时应根据气象情况，从上风方向逼近泄漏点，实施带压堵漏。

（2）带压堵漏（带压密封技术）。管道、阀门或容器壁发生泄漏，且泄漏点处在阀门以前或阀门损坏，不能关阀止漏时，可使用各种针对性的堵漏器具和方法实施封堵泄漏口，控制泄漏。可以选用的常用堵漏方法见表5—1。堵漏抢险一定要在喷雾水枪、泡沫的掩护下进行，堵漏人员要精而少，增加堵漏抢险的安全系数。

表5—1　不同形式泄漏的堵漏方法

部位	泄漏形式	方　法
罐体	砂眼	螺钉加黏合剂旋进堵漏
	缝隙	使用外封式堵漏袋、电磁式堵漏工具组、粘贴式堵漏密封胶（适用于高压）、潮湿绷带冷凝法或堵漏夹具、金属堵漏锥堵漏
	孔洞	使用各种木楔、堵漏夹具、粘贴式堵漏密封胶（适用于高压）、金属堵漏锥堵漏
	裂口	使用外封式堵漏袋、电磁式堵漏工具组、粘贴式堵漏密封胶（适用于高压）堵漏

续表

部位	泄漏形式	方　法
管道	砂眼	使用螺钉加黏合剂旋进堵漏
	缝隙	使用外封式堵漏袋、金属封堵套管、电磁式堵漏工具组、潮湿绷带冷凝法或堵漏夹具堵漏
	孔洞	使用各种木楔、堵漏夹具、粘贴式堵漏密封胶（适用于高压）堵漏
	裂口	使用外封式堵漏袋、电磁式堵漏工具组、粘贴式堵漏密封胶（适用于高压）堵漏
阀门	断裂	使用阀门堵漏工具组、注入式堵漏胶、堵漏夹具堵漏
法兰	连接处	使用专门法兰夹具、注入式堵漏胶堵漏

1）调整消漏法。采用调整操作、调节密封件预紧力或调整零件间相对位置，是一种无须封堵的消除泄漏的方法。

2）机械堵漏法

①支撑法。在管道外边设置支持架，借助工具和密封垫堵住泄漏处的方法，称为支撑法。这种方法适用于较大管道的堵漏，是因无法在本体上固定而采用的一种方法。

②顶压法。在管道上固定一螺杆直接或间接堵住设备和管道上的泄漏处的方法，称为顶压法。这种方法适用于中低压管道上的砂眼、小洞等漏点的堵漏。

③卡箍法。用卡箍（卡子）将密封垫卡死在泄漏处而达到止漏的方法，称为卡箍法。

④压盖法。用螺栓将密封垫和压盖紧压在孔洞内面或外面达到止漏的一种方法，称为压盖法。这种方法适用于低压、便于操作管道的堵漏。

⑤打包法。用金属密闭腔包住泄漏处，内填充密封填料或在连接处垫有密封垫的方法，称为打包法。

⑥上罩法。用金属罩子盖住泄漏而达到堵漏的方法，称为上罩法。

⑦胀紧法。堵漏工具随流体进入管道内，在内漏部位自动胀大堵住泄漏的方法，称为胀紧法。这种方法较复杂，并配有自动控制机构，用于地下管道或一些难以从外面堵漏的场合。

⑧夹紧法。液压操纵夹紧器夹持泄漏处，使其产生变形而致密，或使密封垫紧贴泄漏处而达到止漏的一种方法，称为夹紧法。这种方法适用于螺纹连接处、管接头和管道其他部位的堵漏。

3）塞孔堵漏法。采用挤瘪、堵塞的简单方法直接固定在泄漏孔洞内，从而达到止漏的一种方法。这种方法实际上是一种简单的机械堵漏法，它特别适用于砂眼和小孔等缺陷的堵漏。

①捻缝法。用冲子挤压泄漏点周围金属本体而堵住泄漏的方法，称为捻缝法。这种方法适用于合金钢及碳素钢焊缝，不适合于铸铁、合金钢焊缝等硬脆材料及腐蚀严

重而壁薄的本体。

②塞楔法。用韧性大的金属、木材、塑料等材料制成的圆锥体楔或扁楔敲入泄漏的孔洞里而止漏的方法，称为塞楔法。这种方法适用于压力不高的泄漏部位的堵漏。

③螺塞法。在泄漏的孔洞里钻孔攻螺纹，然后上紧螺塞和密封垫止漏的方法，称为螺塞法。这种方法适用于本体厚而孔洞较大的部位的堵漏。

4）焊补堵漏法。焊补方法是直接或间接地把泄漏处堵住的一种方法。这种方法适用于焊接性能好、介质温度较高的管道。它不适用于易燃易爆的场合。

①直焊法。用焊条直接填焊在泄漏处而止漏的方法，称为直焊法。这种方法主要适用于低压管道的堵漏。

②间焊法。焊缝不直接参与堵漏，而只起着固定压盖和密封件作用的一种方法，称为间焊法。间焊法适用于压力较大、泄漏面广、腐蚀性强、壁薄刚度小等部位的堵漏。

③焊包法。把泄漏处包含在金属腔内而达到止漏的一种方法，称为焊包法。这种方法主要适用于法兰、螺纹处，以及阀门和管道部位的堵漏。

④焊罩法。用罩体金属盖在泄漏部位上，采用焊接固定后得以止漏的方法。适用于较大缺陷的堵漏部位。如果必要，可在罩上设置引流装置。

⑤逆焊法。利用焊缝收缩的原理，将泄漏裂缝分段逆向逐一焊补，使其裂缝收缩不漏有利焊道形成的堵漏方法，称为逆焊法，也叫作分段逆向焊法。这种方法适用于低中压管道的堵漏。

5）粘补堵漏法。利用胶黏剂直接或间接堵住管道上泄漏处的方法。这种方法适用于不宜动火及其他方法难以堵漏的部位。胶黏剂堵漏的温度和压力与它的性能、填料及固定形式等因素有关，一般耐温性能较差。

①粘接法。用胶黏剂直接填补泄漏处或涂敷在螺纹处进行粘接堵漏的方法，称为粘接法。这种方法适用于压力不高或真空管道上的堵漏。

②粘贴法。用胶黏剂涂敷的膜、带和薄软板压贴在泄漏部位而止漏的方法，称为粘贴法。这种方法适用于真空管道和压力很低的部位的堵漏。

③粘压法。用顶、压等方法把零件、板料、钉类、楔塞与胶黏剂堵住泄漏处，或让胶黏剂固化后拆卸顶压工具的堵漏方法。这种方法适用于各种粘堵部位，其应用范围受到温度和固化时间的限制。

④缠绕法。用胶黏剂涂敷在泄漏部位和缠绕带上而堵住泄漏的方法，称为缠绕法。此方法可用钢带、铁丝加强。它适用于管道的堵漏，特别是松散组织、腐蚀严重的部位。

6）胶堵密封法。使用密封胶（广义）堵在泄漏处而形成一层新的密封层的方法。这种方法效果有限，适用面广，可用于管道的内外堵漏，适用于高压高温、易燃易爆部位。

①渗透法。用稀释的密封胶液混入介质中或涂敷表面，借用介质压力或外加压力将其渗透到泄漏部位，达到阻漏效果的方法，称为渗透法。这种方法适用于砂眼、松散组织、夹碴、裂缝等部位的内部堵漏。

②内涂法。将密封机构放入管内移动，能自动地向漏处射出密封剂，这称为内涂法。这种方法复杂，适用于地下、水下管道等难以从外面堵漏的部位。因为是内涂，所以效果较好，无须夹具。

③外涂法。用厌氧密封胶、液体密封胶外涂在缝隙、螺纹、孔洞处密封而止漏的方法，称为外涂法。也可用螺母、玻璃纤维布等物固定，适用于压力不高的场合或真空管道的堵漏。

④强注法。在泄漏处预制密封腔或泄漏处本身具备密封腔，将密封胶料强力注入密封腔内，并迅速固化成新的填料而堵住泄漏部位的方法，称为强注法。此方法适用于难以堵漏的高压高温、易燃易爆等部位。

7）改道法（改换密封法）。在管道或设备上用接管机带压接出一段新管线代替泄漏的、腐蚀严重的、堵塞的旧管线，这种方法称为改道法。此法多用于低压管道。

8）其他堵漏法

①磁压法。利用磁钢的磁力将置于泄漏处的密封胶、胶黏剂、垫片压紧而堵漏的方法，称为磁压法。这种方法适用于表面平坦、压力不大的砂眼、夹碴、松散组织等部位的堵漏。

②冷冻法。在泄漏处适当降低温度，致使泄漏处内外的介质冻结成固体而堵住泄漏的方法，称为冷冻法。这种方法适用于低压状态下的水溶液及油介质。

③凝固法。利用压入管道中某些物质或利用介质本身，从泄漏处漏出后，遇到空气或某些物质即能凝固而堵住泄漏的一种方法，称为凝固法。某些热介质泄漏后析出晶体或成固体能起到堵漏的作用，同属凝固法的范畴。这种方法适用于低压介质的泄漏。如适当制作收集泄漏介质的密封腔，效果会更好。

9）综合止漏法。综合以上各种方法，根据工况条件、加工能力、现场情况、合理地组合上述两种或多种堵漏方法，这称为综合止漏法。如先塞楔子，后粘接，最后由机械固定；先焊固定架、后用密封胶，最后机械顶压等。

3. 倒罐

采用上述的关阀断料、堵漏封口（带压密封技术）等堵漏方法不能制止储罐、容器或装置泄漏时，可采取疏导的方法通过输送设备和管道将泄漏内部的液体倒入其他容器、储罐中，以控制泄漏量和配合其他处置措施的实施。常用的倒罐方法有四种：压缩机倒罐、烃泵倒罐、压缩气体倒罐、静压差倒罐。

（1）压缩机倒罐。利用压缩机倒罐就是将两装置液相管相接通，事故装置的气相管接到压缩机出口管路上，将安全装置的气相管路接到压缩机的入口管路上，用压缩机来抽吸安全装置的气相压力，经压缩送入事故装置，这样在两装置之间压力差的作用下，将泄漏液体由事故装置倒入安全装置。

该方法的优点：效率高，速度快。缺点：压力的增大会增加事故罐的泄漏量；在寒冷地区，液化石油气的饱和蒸气可降到 0.05～0.2 MPa，且储罐内的液化石油气单位时间内的气体量较少，很容易造成汽化量满足不了压缩机吸入量的要求，使压缩机无法工作，需要附加加热增压设备来提高储罐内压力使压缩机倒罐正常进行。

注意事项：

1）事故装置与安全装置间的压力差应保持在 0.2～0.3 MPa 范围内，为加快倒罐作业，可同时启动两台压缩机。

2）应密切注意事故装置的压力及液面变化，不宜使事故装置的压力过低，一般应保持在 147～196 kPa，以免空气渗入，在装置内形成爆炸性混合气体。

3）在开机前应用惰性气体对压缩机气缸及管路中的空气进行置换。

（2）烃泵倒罐。该方法是将两装置的气相管相连通，事故装置的出液管接在烃泵的入口，安全装置的进液管接在烃泵的出口，将液态的液化石油气由事故装置导入安全装置。

该方法的优点：工艺流程简单，操作方便，能耗小。缺点：必须保持烃泵入口管路上有一定的静压头，以避免液化石油气发生汽化。事故装置内的压力及液位差应使烃泵能被液化石油气气体充满。这就使得该方法受到一定的限制，如颠覆于低洼地带的液化石油气槽车，就无法保证静压头。当事故装置内压力低于 0.75 MPa 时，就必须与压缩机联用，提高事故装置内气相压力，以保证入口管路上足够的静压头。

注意事项：

1）烃泵的入口管路长度不应大于 5 m，且呈水平略有下倾地与泵体连接，以保证入口管路有足够的静压头，避免发生气阻和抽空。

2）液化石油气液相管道上任何一点的温度不得高于相应管道内饱和压力下的饱和温度，以防止液化石油气在管道内产生气体沸腾现象，造成“气塞”，使烃泵空转。

3）气、液相软管接通后，应先排净管内空气，并防止空气进入管路系统。软管拆卸时应先泄压，避免造成事故。

4）根据事故装置的具体情况，确定适合型号的烃泵，以保证烃泵的扬程能满足液体输送压力、高度及管路阻力的要求。

（3）压缩气体倒罐。压缩气体倒罐就是将甲烷、氮气、二氧化碳等压缩气体或其他与液化石油气混合后不会引起爆炸的不凝、不溶的高压惰性气体送入准备倒罐的事故装置中，使其与安全装置间产生一定的压差，从而将液化石油气从事故装置中导入安全装置中。

该方法的优点：工艺流程简单，操作方便。缺点：液化石油气损失较大。

注意事项：

1）压缩气瓶的压力导入事故装置前应减压，进入容器的压缩气体压力应低于容器的设计压力。

2）压缩气瓶出口的压力一般控制在比事故装置内液化石油气饱和蒸气压高 1～2 MPa 范围内。

（4）静压差倒罐。静压差倒罐的原理是将事故装置和安全装置的气、液相管相连通，利用两容器间的位置高低之差产生的静压差，使液化石油气从事故装置中导入安全装置中。

该方法的优点：工艺流程简单，操作方便。缺点：速度慢，两容器间容易达到压力平衡，倒罐不完全。

注意事项：必须保证两装置间有足够的位置高度差才能采用此方法倒罐，一般在两装置温度差别不大（即两者饱和蒸气压近似）时，两装置间高度差不应小于15～20 m。

4. 转移

如果储罐、容器、管道内的液体泄漏严重而又无法堵漏或倒罐时，应及时将事故装置转移到安全地点处置，尽可能减少泄漏的量。首先应在事故点周围的安全区域修建围堤或处置地，然后将事故装置及内部的液体导入围堤或处置地内，再根据泄漏液体的性质采用相应的处置方法。

对油罐车的处理要加强保护。在吊起油罐车时，一定与吊车司机紧密配合，用水枪冲击钢丝绳与车体的摩擦部位，防止打出火花，用泡沫覆盖车体的其他部位。在油罐事故车拖离现场时，用泡沫对油罐车进行覆盖，并派消防车跟随，防止托运中发生问题。

5. 点燃

当无法有效地实施堵漏或倒罐处置时，可采取点燃措施使泄漏出的可燃性气体或挥发性的可燃液体在外来引火物的作用下形成稳定燃烧，控制其泄漏，减低或消除泄漏毒气的毒害程度和范围，避免易燃和有毒气体扩散后达到爆炸极限而引发燃烧爆炸事故。

点燃之前，要做好充分的准备工作，撤离无关人员，担任掩护和冷却等任务的人员要到达指定位置，检测泄漏点周围可燃气体浓度；点火时，处置人员应在上风向，穿好避火服，使用安全的点火工具操作，如点火棒（长杆）、电打火器等。

6. 泄漏物处置技术

泄漏物处置技术是指采取筑堤围堤堵截和挖掘沟槽、稀释与覆盖、收容（集）、固化、低温冷却、废弃等方法及时对现场泄漏物进行处理，使泄漏物得到安全可靠的处置，防止二次事故的发生。

(1) 围堤堵截和挖掘沟槽。修筑围堤是控制陆地上的液体泄漏物最常用的收容方法。常用的围堤有环形、直线形、V 形等。通常根据泄漏物流动情况修筑围堤拦截泄漏物。如果泄漏发生在平地上，则在泄漏点的周围修筑环形堤。如果泄漏发生在斜坡上，则在泄漏物流动的下方修筑 V 形堤。储罐区发生液体泄漏时，要及时关闭雨水阀，防止物料沿明沟外流。对于无法移动装置的泄漏，则在事故装置周围修筑围堤或修建处置池。

挖掘沟槽也是控制陆地上液体泄漏物的常用收容方法。通常根据泄漏物的流动情况挖掘沟槽收容泄漏物。如果泄漏物沿一个方向流动，则在其流动的下方挖掘沟槽。如果泄漏物是四散而流，则在泄漏点周围挖掘环形沟槽。

修围堤堵截和挖掘沟槽收容泄漏物的关键除了它们本身的特性外，就是确定围堤堵截和挖掘沟槽的地点。这个点既要离泄漏点足够远，保证有足够的时间在泄漏物到达前修挖好，又要避免离泄漏点太远，使污染区域扩大，带来更大的损失。如果泄漏物是易燃物，操作时要特别小心，避免发生火灾。

(2) 稀释与覆盖。为减少大气污染，通常采用水枪或消防水带向有害物蒸气云喷射雾状水，加速气体向高空扩散，使其在安全地带扩散。在使用这一技术时，将产生大量的被污染水，因此应疏通污水排放系统。

对于可燃物，也可以在现场释放大量水蒸气或氮气，破坏燃烧条件。对于液体泄漏，为降低物料向大气中的蒸发速度，可用泡沫或其他覆盖物品覆盖外泄的物料，在其表面形成覆盖层，抑制其蒸发，降低泄漏物对大气的危害和泄漏物的燃烧性。

泡沫覆盖必须和其他的收容措施如围堤、沟槽等配合使用。通常泡沫覆盖只适用于陆地泄漏物。选用的泡沫必须与泄漏物相容。实际应用时，要根据泄漏物的特性选择合适的泡沫。常用的普通泡沫只适用于无极性和基本上呈中性的物质；对于低沸点，与水发生反应，具有强腐蚀性、放射性或爆炸性的物质，只能使用专用泡沫；对于极性物质，只能使用属于硅酸盐类的抗醇泡沫；用纯柠檬果胶配制的果胶泡沫对许多有极性和无极性的化合物均有效。对于所有类型的泡沫，使用时建议每隔 30～60 min 再覆盖一次，以便有效地抑制泄漏物的挥发。如果需要，这个过程可能一直持续到泄漏物处理完。

(3) 收容（集）。对于大量液体泄漏，可用隔膜泵将泄漏出的物料抽入容器内或槽车内，再进行其他处理。当泄漏量小时，可用沙子、吸附材料、中和材料等吸收中和。

所有的陆地泄漏和某些有机物的水中泄漏都可用吸附法处理。吸附法处理泄漏物的关键是选择合适的吸附剂。常用的吸附剂有活性炭、天然有机吸附剂、天然无机吸附剂、合成吸附剂。

中和，即酸和碱的相互反应。反应产物是水和盐，有时是二氧化碳气体。现场应用中和法要求最终 pH 值控制在 6～9 之间，反应期间必须监测 pH 值变化。只有酸性有害物和碱性有害物才能用中和法处理。对于泄入水体的酸、碱或泄入水体后能生成酸、碱的物质，也可考虑用中和法处理。对于陆地泄漏物，如果反应能控制，常常用强酸、强碱中和，这样比较经济；对于水体泄漏物，建议使用弱酸、弱碱中和。常用的弱酸有醋酸、磷酸二氢钠，有时可用气态二氧化碳。磷酸二氢钠几乎能用于所有的碱泄漏，当氨泄入水中时，可以用气态二氧化碳处理。

常用的强碱有碳酸氢钠水溶液、碳酸钠水溶液、氢氧化钠水溶液。这些物质也可用来中和泄漏的氯。有时也用石灰、固体碳酸钠、苏打灰中和酸性泄漏物。常用的弱碱有碳酸氢钠、碳酸钠和碳酸钙。碳酸氢钠是缓冲盐，即使过量，反应后的 pH 值也只是 8.3。碳酸钠溶于水后，碱性和氢氧化钠一样强，若过量，pH 值可达 11.4。碳酸钙与酸的反应速度虽然比钠盐慢，但因其不向环境加入任何毒性元素，反应后的最终 pH 值总是低于 9.4 而被广泛采用。

对于水体泄漏物，如果中和过程中可能产生金属离子，必须用沉淀剂清除。中和反应常常是剧烈的，由于放热和生成气体会产生沸腾和飞溅，所以应急人员必须穿防酸碱工作服、戴防烟雾呼吸器。可以通过降低反应温度和稀释反应物来控制飞溅。

如果非常弱的酸和非常弱的碱泄入水体，pH 值能维持在 6～9 之间，不建议使用中和法处理。

现场使用中和法处理泄漏物受下列因素限制：泄漏物的量、中和反应的剧烈程度、反应生成潜在有毒气体的可能性、溶液的最终 pH 值能否控制在要求范围内。

（4）固化。通过加入能与泄漏物发生化学反应的固化剂或稳定剂使泄漏物转化成稳定形式，以便于处理、运输和处置。有的泄漏物变成稳定形式后，由原来的有害变成了无害，可原地堆放不需进一步处理；有的泄漏物变成稳定形式后仍然有害，必须运至废物处理场所进一步处理或在专用废弃场所掩埋。常用的固化剂有水泥、凝胶、石灰。

水泥固化：通常使用普通硅酸盐水泥固化泄漏物。对于含高浓度重金属的场合，使用水泥固化非常有效。许多化合物会干扰固化过程，如锰、锡、铜和铅等的可溶性盐类会延长凝固时间，并大大降低其物理强度，特别是高浓度硫酸盐对水泥有不利的影响，有高浓度硫酸盐存在的场合一般使用低铝水泥。酸性泄漏物固化前应先中和，避免浪费更多的水泥。相对不溶的金属氢氧化物，固化前必须防止溶性金属从固体产物中析出。

凝胶固化：凝胶是由亲液溶胶和某些憎液溶胶通过胶凝作用而形成的冻状物，没有流动性。可以使泄漏物形成固体凝胶体。形成的凝胶体仍是有害物，需进一步处置。选择凝胶时，最重要的问题是凝胶必须与泄漏物相容。

石灰固化：使用石灰作为固化剂时，加入石灰的同时需加入适量的细粒硬性胶凝材料，如粉煤灰、研碎了的高炉炉渣或水泥窑灰等。

（5）低温冷却。低温冷却是将冷冻剂散布于整个泄漏物的表面上，减少有害泄漏物的挥发。在许多情况下，冷冻剂不仅能降低有害泄漏物的蒸气压，而且能通过冷冻将泄漏物固定住。影响低温冷却效果的因素有冷冻剂的供应、泄漏物的物理特性及环境因素。

冷冻剂的供应将直接影响冷却效果。喷撒出的冷冻剂不可避免地要向可能的扩散区域分散，并且速度很快。整体挥发速率的降低与冷却效果成正比。泄漏物的物理特性如当时温度下泄漏物的黏度、蒸气压及挥发率，对冷却效果的影响与其他影响因素相比很小，通常可以忽略不计。环境因素如雨、风、洪水等将干扰、破坏形成的惰性气体膜，严重影响冷却效果。

常用的冷冻剂有二氧化碳、液氮和冰。选用何种冷冻剂取决于冷冻剂对泄漏物的冷却效果和环境因素。应用低温冷却时必须考虑冷冻剂对随后采取的处理措施的影响。

（6）废弃。将收集的泄漏物运至废物处理场所处置。用消防水冲洗剩下的少量物料，冲洗水排入污水系统处理或收集后委托有条件的单位处理。

三、矿山事故现场处置

由于矿山发生事故种类较多，发生的事故具有针对性、特殊性，因此矿山事故现场处置也具有很强的特殊性、针对性、较强的专业性。发生事故现场的第一救援力量往往是井下现场受灾自救的生产班组和矿山救护人员。

矿山生产可能会发生的事故有：瓦斯煤尘爆炸事故、火灾事故、水灾事故、顶板事故、煤矿机电事故、爆炸材料事故、煤矿地质灾害事故。

1. 瓦斯煤尘爆炸事故现场处置

（1）事故特征

1）瓦斯事故主要有瓦斯窒息、瓦斯爆炸、煤尘爆炸。

2）事故多发生采空区、采掘工作面、主要运输大巷、回风巷中。

3）瓦斯、煤尘爆炸事故没有季节性，一旦发生爆炸，会造成巨大的财产损失和人员伤亡。

4）瓦斯、煤尘爆炸发生前的征兆为感觉到附近空气有颤动的现象发生，有时还发出嘫嘫的空气流动声，这可能是爆炸前爆源要吸入大量氧气所致，这就是其爆炸前的预兆。

（2）现场应急组织与职责

1）现场应急形式及人员构成情况。基层单位现场应急组织以班组为单位，由全班组人员组成。现场应急组织组长由班组长担任，成员为全体班组人员。

2）现场应急组织机构、人员的具体职责。现场应急组织组长职责：

①负责查看事故性质、范围和发生原因等情况。

②快速报告给调度室。

③带领全班组人员，开展自救、互救工作。

现场应急组织成员职责：

在班组长的带领下开展自救、互救工作。尽可能采取措施防止事故扩大，减少人员伤亡。

（3）发生瓦斯煤尘爆炸事故现场处置措施

1）发生瓦斯煤尘爆炸或燃烧时，遇灾人员在爆炸或燃烧瞬间屏住呼吸，立即戴好自救器或脸朝下卧倒在水沟里，用湿毛巾堵住口、鼻，积极进行自救。

2）事故发生后，当班瓦斯员、安全员或班组长迅速组织人员沿避灾路线撤至安全地点，并立即汇报矿调度，同时尽可能迅速了解事故的性质、程度、范围。

3）矿调度接到汇报以后，立即通知有关领导和部门成立应急指挥部，依据灾情制定应急方案，下达指令组织抢救。同时通知灾区和受威胁地区人员沿指定路线撤退。

4）瓦斯煤尘燃烧初期，现场人员要积极组织扑灭，并切断电源，火势发展很快，不能尽快扑灭时，现场人员应迅速撤离。

5）瓦斯煤尘爆炸摧毁的通风设施，应急指挥部在确认无二次爆炸危险时，要组织人员及时进行恢复，防止通风系统紊乱。

6）发生瓦斯煤尘燃烧事故时，采取措施如下：如果瓦斯煤尘燃烧火势较小，要利用现有条件直接灭火，火势较大无法靠近或瓦斯浓度超限且呈上升趋势时，立即撤人，由救护队进行灭火。

采煤工作面发生瓦斯煤尘事故时，必须立即停止采煤工作面供电，工作面下风侧人员立即戴自救器逆风流撤至采区进风巷，从进风井升井；工作面事故点上风侧人员迅速戴自救器逆风流撤至采区进风巷，从进风井升井；严禁从回风巷和回风井撤人。救灾通风方式为：风井主要通风机正常运转，救灾人员由进风井、采区进风巷和工作面进风巷到事故地点救灾。

煤层集中回风巷或煤层掘进工作面发生瓦斯煤尘事故时，切断通往巷内的电源，巷内人员立即戴上自救器，逆风流撤到进风井升井，严禁从回风巷逃生。在救灾同时必须保持局部通风机正常运转，尽量保持原有通风状态。救灾人员从进风巷到达事故地点进行救灾。如瓦斯浓度急剧上升，又不能控制时，撤出全部人员采取封闭灾区措施。严格监控风流状态和瓦斯浓度，风流出现脉动现象时，立即撤出全部人员。

2. 火灾事故现场处置

（1）事故特征

1）矿井分为内因火灾和外因火灾，内因火灾主要是煤层自燃，外因火灾主要是设备着火。

2）内因火灾多发生在采空区或通风不良的巷道中。外因火灾多发生在机电硐室、采掘工作面或地面煤场中。

3）火灾事故没有季节性，一旦发生火灾还可能会引起一氧化碳中毒、窒息或引发瓦斯煤尘爆炸，造成很大的损失和人员伤亡。

4）火灾的发生有一定的征兆，一般表现为：

①空气温度、湿度持续性升高，有时出现雾气或巷道壁出汗。

②巷道出现煤炭和坑木干馏的火灾气味。

③自巷道流出的水和空气温度增高。

④人体有不舒适感，如头痛、闷热、四肢无力等。电器、电缆发热，有胶皮味。

（2）现场应急组织与职责

1）现场应急形式及人员构成情况。基层单位现场应急组织以班组为单位，由全班组人员组成。现场应急组织组长由班组长担任，成员为全体班组人员。

2）现场应急组织机构、人员的具体职责。现场应急组织组长职责如下：

①负责查看事故性质、范围和发生原因等情况。

②快速报告给调度室。

③带领全班组人员，开展自救、互救工作。

现场应急组织成员职责：

在班组长的带领下开展自救、互救工作。尽可能采取措施防止事故扩大，减少人员伤亡。

（3）应急处置

1）事故应急处置程序。现场发生火灾事故后，现场人员必须立即撤退并向矿调度室汇报。

2）现场应急处置措施

①井下一旦发生火灾，要立即切断电源。火势蔓延前，班组长迅速组织人员用水、沙、灭火器灭火。电源未切断时，用沙、土、干粉灭火器、二氧化碳灭火器扑灭火源，组织人员撤出着火点周围易燃物品。在灭火的同时班组长亲自或派专人向矿调度指挥中心汇报。

②火势蔓延较快，现场人员一时无法扑灭时，班组长指挥人员按应急措施执行，按规定路线撤退。撤人路线要避开火烟影响区，以最短距离进入进风巷道，逆风流方向撤离，且派专人或电话通知有关人员采取相应措施，避免邻近地区人员受火灾威胁。

③救灾人员下井救灾需佩戴氧气呼吸器，从发生火灾点的进风侧进入灾区抢救。

④处理火灾时，须检查瓦斯、一氧化碳等有害气体浓度，观察风流、有害气体变化情况。当瓦斯浓度高，有爆炸危险时，救灾人员要撤到安全地点。采取控制风流、

密闭巷道等措施，消除瓦斯危害，杜绝发生瓦斯爆炸。密闭巷道过程中，要稳定通风系统，确定封堵顺序，监视风流状态，如出现风流脉动现象，要立即撤出人员。

⑤进风井口、井底车场、运输大巷发生火灾，先撤出进风侧人员，然后采取反风措施处理。采区硐室或采掘工作面发生火灾，在瓦斯浓度不高的情况下，硐室可采取风流短路或断风等辅助措施灭火。采掘工作面火灾，首先，稳定通风系统，保证工作面风量，防止瓦斯超限，降低有害气体对采掘工作面人员的伤害。待所有人员撤到安全地区后，当火势不大时，立即组织现场直接灭火。如果火势较大瓦斯浓度较高时，根据火灾性质、瓦斯浓度变化趋势，结合现场实际条件，采取恰当的灭火方案，由救护队进行。

⑥灭火方法：用水、沙、灭火器直接灭火，消灭火源；砌筑密闭墙封闭火区，隔绝空气；打钻注浆灭火；均压灭火。（注：油料着火、电气着火未切断电源时，不能用水灭火，可以用沙、土、干粉灭火器灭火。）

⑦不能直接灭火的地区，封闭时需检查 CH_4、CO、CO_2 等有害气体的浓度和变化情况，火区封闭必须由矿山救护队施工。

⑧处理火灾时的通风方法：采区皮带巷着火时应封堵或减少进风，打开临近火源点的联络巷风门，使烟雾从无人行进巷道排出，灾区风流短路，救灾人员从进风侧救灾灭火。

采区主巷着火时，打开采面运输巷中部车场风门，减少采面风量，救灾人员从进风侧进入灭火，对采用下行风的工作面，运输巷着火应在上部平巷控制风量。工作面及进风巷着火时，当工作面人员未全部撤离时，不能降低工作面风量。

发生火灾时，对主通风机须派人监护，保证正常运转，改变通风机工作时，由救灾指挥部确定，只有有利于控制灾变，有利于灭火时，才能改变，严防因负压改变引起烟火逆转扩大灾情。

为防止风流逆转和火烟侵袭其他巷道，不论火灾发生在上行风流还是下行风流中，都应尽快切断向火区供风的主干支和侧支风流，以降低火风压，消除排烟巷障碍物，降低排烟巷阻力，防止旁侧支路的烟雾逆转；火灾发生在下行风流中，采用直接灭火方法时，必须有可靠的防火风压逆转的措施（可以在风路上布置消防集中水幕）和灭火人员能迅速摆脱高温烟火危害的条件，否则，消防人员不可在火源的上风侧灭火。要在发生火灾的巷道中增置强力喷雾区，以减小火风压。

井下发生火灾，必须对主通风机进行正确调度，防止灾情扩大。

封闭火区时，对采用先进后回或先回后进、同时封闭，要根据火区是否与瓦斯积聚区连通、老塘瓦斯情况、着火点下风侧易燃物情况、通风系统的稳定性、风流中瓦斯浓度变化趋势等具体情况来确定。

（4）主要地点发生火灾时的处理方法

1）主井或副井底及车场发生火灾，在确保着火点上风侧无人员时，回风井主要通风机反风。采区人员可通过回风井升井。救灾人员由回风井进入火区救灾。

2）采区轨道巷和采区皮带巷发生火灾时，在确保着火点上风侧无人员时，回风井主要通风机反风。采区人员可通过回风井升井。救灾人员由回风井进入火区救灾。根据火灾发生的地点，若其下风侧有连通回风巷的风门时，可通知风门就近人员立即打开两道风门，使风流短路。

3）回风井和采区回风巷发生火灾时，风井主要通风机保持正常运转，通风方式不变，救灾人员由进风井经进风巷进入灾区救灾。

4）采煤工作面发生火灾时，如火势不大，要积极组织直接灭火。如火势较大，要戴上自救器，用衣物蒙头，尽一切可能越过火区撤到火区上风侧，逆风流从进风巷撤到进风井升井，严禁顺风流从采区回风巷撤离。救灾人员由进风井进入灾区救灾。

5）煤层集中回风巷和煤层掘进工作面发生火灾。如火势不大，要积极组织直接灭火。如火势较大，要戴上自救器，用衣物蒙头，尽一切可能越过火区撤到火区上风侧，逆风流撤到进风井巷，严禁顺风流从回风巷撤离。如果不能越过时，要断开风筒，用风筒或构筑临时避灾硐室，打开压风装置呼吸，有规律敲打管路，等待救援，局部通风机保持正常运转，工作面内全部停电，救护队进行现场灭火救灾，严格监控瓦斯浓度及变化趋势，防止引爆瓦斯，造成新的伤亡。

3. 水灾事故现场处置

（1）事故特征

1）水灾事故主要有地表水溃入井下、老空突水、灾害性天气等。

2）事故多发生在采煤工作面、掘进迎头中。

3）水灾事故有季节性，一般发生在汛期，一旦发生，会造成人员伤亡。

4）井下水灾事故的预兆：煤层发潮发暗；巷道壁挂汗、挂红；煤层变凉；工作面温度降低、有雾气；顶板来压，淋水加大；有水声；工作面有害气体增加；打钻时钻孔底松软或有水。

（2）现场应急组织与职责

1）现场应急形式及人员构成情况。基层单位现场应急组织以班组为单位，由全班组人员组成。现场应急组织组长由班组长担任，成员为全体班组人员。

2）现场应急组织机构、人员的具体职责。现场应急组织组长职责：

①负责查看事故性质、范围和发生原因等情况。

②快速报告给调度室。

③带领全班组人员，开展自救、互救工作。

现场应急组织成员职责：

在班组长的带领下开展自救、互救工作。尽可能采取措施防止事故扩大，减少人员伤亡。

（3）应急处置

1）事故应急处置程序。现场发生水害事故后，现场人员必须立即撤退并向矿调度室汇报。

2）现场应急处置措施

①水灾事故处理原则。在生产过程中，当采掘工作面或其他地点发现有挂红、挂汗、空气变冷、出现雾气、水叫、顶板淋水加大、顶板来压、底板鼓起或产生裂隙出现渗水、水色发浑、有臭鸡蛋味等突水征兆时，必须停止作业，采取措施，立即报告调度室，并发出警报，撤出所有受水威胁地区人员。

发生突水后，区队长、班组长要立即向矿调度汇报突水地点、涌水量、影响范围等情况。矿救灾指挥部下令撤出受水害威胁地区的人员，组织人员抢救。

②透水后现场人员撤退时注意事项。透水后，应迅速观察和判断透水的地点、水源、涌水量、发生原因、危害程度等，班组长要指挥现场人员沿规定的避水灾路线撤退到透水地点以上的水平，而不能进入透水点附近及下方的独头巷道。

行进中，应靠近巷道一侧，抓牢支架或其他固定物体，尽量避开压力水头和泄水流，并注意防止被水中滚动的矸石和木料撞伤。

如透水后破坏了巷道中的照明和路标，迷失行进方向时，遇险人员应朝着有风流通过的上山巷道方向撤退。

在撤退沿途和所经过的巷道交叉口，应留设指示行进方向的明显标志，以提示救护人员的注意。

人员撤退到竖井，需从梯子间上去时，应遵守秩序，禁止慌乱和争抢，行动中手要抓牢，脚要蹬稳，切实注意自己和他人的安全。

如唯一的出口被水封堵无法撤退时，应有组织地在独头工作面躲避，等待救护人员的营救，严禁盲目潜水逃生等冒险行为。

3）被矿井水灾围困时的避灾自救原则

①当现场人员被涌水围困无法退出时，应迅速进入预先做好的躲避洞中避灾，或选择合适地点快速建筑临时躲避洞避灾，迫不得已时，可爬上巷道中高冒空间待救，进入躲避洞避灾前应在硐室外留设明显标志。

②在避难期间，遇险人员要稳定情绪，做好长时间避灾的准备，除轮流担任岗哨观察水情外，其余人员均应静卧，以减少体力和空气消耗。

③避灾时，应用敲击的方法有规律、间断地发出呼救信号，向营救人员指示躲避处的位置。

④救灾人员通过积水巷时，必须选择熟悉水性人员，佩戴呼吸器通过，救出人员后利用一切可能蓄水的下山废巷向下疏水。

⑤组织排水时必须恢复通风并切断水淹区的电源。

4）制定完善的矿井各生产地区避灾路线指示图。

（4）水灾发生时各地区撤人原则、顺序、影响范围及其他相关事项

1）当采煤工作面发生突水时，应立即用所处安全位置电话报告矿调度室（如果情况紧急，可先组织撤人稍后汇报），然后沿避水灾路线撤至地面，由调度室通知其他地区作业人员沿避水灾路线撤至地面。根据对各采煤工作面存在水患情况分析，确定发生突水点情况及有可能影响范围，组织人员有序撤至地面及实施救援。

2）当掘进工作面某一处发生突水时，立即用所处安全位置电话通知矿调度室，由调度室通知其他工作面作业人员分别沿避水路线撤至地面。根据对各掘进工作面水害隐患分析，确定发生突水点情况及有可能影响范围，组织人员有序撤至地面及实施救援。

4. 顶板事故现场处置

（1）事故特征

1）顶板事故主要有工作面片帮、漏顶、冒顶。

2）事故多发生在采煤工作面、采掘巷道、维修巷道中。

3）顶板事故没有季节性，一旦发生，会造成人员伤亡。

4）顶板的预兆：顶板连续发出断裂声；顶板下沉量增加。

5）煤帮预兆：煤质变得松软，片帮煤增多；电钻打眼时感到钻进省力。

6）支架预兆：木支柱大量被压劈、压裂或折断，工作面可以连续听见木支柱断裂声。铰接顶梁工作面顶梁楔子会弹出。单体液压支柱会出现“崩柱”现象。

（2）现场应急组织与职责

1）现场应急形式及人员构成情况。基层单位现场应急组织以班组为单位，由全班组人员组成。现场应急组织组长由班组长担任，成员为全体班组人员。

2）现场应急组织机构、人员的具体职责。现场应急组织组长职责：

①负责查看事故性质、范围和发生原因等情况。

②快速报告给调度室。

③带领全班组人员，开展自救、互救工作。

现场应急组织成员职责：

在班组长的带领下开展自救、互救工作。尽可能采取措施防止事故扩大，减少人员伤亡。

（3）应急处置

1）事故应急处置程序。现场发生顶板事故后，现场人员必须立即向矿调度室汇报。

2）掘进工作面现场应急处置措施

①掘进巷道发生冒顶事故后，必须立即停止该地区作业，撤出所有人员，跟班区队长、班组长立即清点人数，组织抢救，同时向矿调度室汇报冒顶地点、冒顶高度、长度等情况。

②巷道发生冒顶后，要分析发生冒顶的原因，分析巷道顶板岩性，判断冒顶的范围、大小，根据现场情况和分析结果编制有针对性的专项安全技术措施。

③抢救人员根据救灾指挥部制定的方案和安全措施，采取各种可能的方法，尽快抢救遇险人员。要用呼喊、敲击等方法确定遇难人员位置、人数。大块矸石可用千斤顶、撬棍等工具掀开。顶板如有冒落危险时，必须采取临时支护，防止二次冒落。

④处理冒顶时，必须在可靠的临时支护下作业，严禁空顶作业。

⑤处理冒顶前，应先加固好冒顶区前后的支护。使用棚子支护的，应根据围岩压力大小加密棚距，把棚子扶正扶稳。棚子之间要安装好拉杆等，使支架形成一个联合体，棚子顶帮要背严背实。使用其他支护方式的也需要采取补棚子等加强措施。

⑥应优先考虑采用锚喷支护处理冒顶；对伴有淋水的破碎岩石冒顶处理方法，应优先考虑采用注浆封堵加固法。

⑦发生堵人事故，可采取压风、供水管路通风、沿煤帮掏小洞、打钻孔供风、供食物等方法处理。处理冒顶时必须备足支护材料。

⑧处理冒顶事故必须由有经验的工人进行，棚顶等工作必须有专人观察顶板，处理垮落巷道的方法有木垛法、搭凉棚法、撞楔法、打绕道法。

⑨冒顶处理通过后，完善加强支护和观测措施。

3）回采工作面冒顶事故处理

①回采工作面发生冒顶事故，区队长、班组长立即清点人数，组织抢救，并向矿调度汇报冒顶位置、范围、高度等情况。

②抢救人员根据指挥部门的方案措施，尽快抢救遇险人员，具体处理冒顶的方法，根据现场情况可采取以下相应措施：

a. 发生冒顶时，采取掏梁窝、架单腿棚或悬臂梁、小木垛的方法；工作面架前冒顶，根据现场情况，采用打贴帮柱、木架棚顶等措施，由上向下的处理方法。

b. 处理冒顶在人员抢救出前，如用溜子出矸，必须在冒顶下方断开溜子，重接机尾，如机组在冒顶下方，必须将机组吊起。

c. 处理冒顶时，必须加强通风管理，瓦斯浓度高时要切断电源。必要时采取局扇供风。

d. 对抢救出的人员要在现场进行止血、人工呼吸等医术抢救，撤至安全地点后，医务人员进行急救并监护上井。

5. 煤矿机电事故现场处置

（1）事故特征

1）机电事故主要有运输事故、触电事故、供电事故等。

2）事故多发生在生产用电各环节中。

3）事故没有季节性，一旦发生就会有伤亡事故。

（2）现场应急组织与职责

1）现场应急形式及人员构成情况。基层单位现场应急组织以班组为单位，由全班组人员组成。现场应急组织组长由班组长担任，成员为全体班组人员。

2）现场应急组织机构、人员的具体职责。现场应急组织组长职责：

①负责查看事故性质、范围和发生原因等情况。

②快速报告给调度室。

③带领全班组人员，开展自救、互救工作。

现场应急组织成员职责：在班组长的带领下开展自救、互救工作。尽可能采取措施防止事故扩大，减少人员伤亡。

（3）应急处置

1）事故应急处置程序。现场发生事故后，现场人员必须立即向矿调度室汇报。

2）现场应急处置措施。发生运输事故后，要立即向调度室汇报事故地点、事故现场情况。调度必须停止一切与抢救事故无关的活动，立即做好向事故地点运送救灾人员的准备，并随时待命。

抢救人员根据救灾指挥部的指示和安全措施，采用各种可能的办法抢救遇险人员，被车辆压住的可用千斤顶、撬杠等工具掀开，救出伤员。

被抢救出的人员有外伤的，先进行止血措施，没外伤的以最快速度监护升井。

一旦发生人身触电事故，相近的人员应立即断开设备或电缆的电源，同时采取措施使触电者脱离设备和电缆。具体方法：用干燥木棍挑开，站在绝缘材料上用干衣服包着手，单手把触电者从载流部分拉开（高压系统触电必须停电后处理）。

触电人员昏迷或呼吸中断，必须立即转移到通风良好的地方并使其平躺，进行人工呼吸。

电火花、电流引起火灾。首先切断电源，再用沙土或干粉灭火器灭火，未切断电源，禁止使用水灭火。

由于上级供电部门及其他各种因素，造成矿井变电所停电，矿井不能进行排水、通风、提升等重要工作，会对矿井安全构成极大威胁，是矿井最严重的危害之一。

一旦发生全矿停电事故，值班员要立即向上级电力调度中心及矿调度指挥中心汇报，并详细检查矿内变电所系统，如主供线路无电，立即通知矿井机电值班负责人、生产调度指挥中心说明情况，机电值班负责人在接到通知后要立即到变电所现场值班室待命，指导恢复供电工作，生产调度指挥中心及时安排井下人员安全撤离到安全地区。

具体恢复供电按照如下项目进行：

①主供线路无电。断开进线开关，拉开上下隔离刀闸并挂“严禁送电”牌。合上备用线路系统总进线开关，依次合上主扇一路、地面生产系统、井下一路，检查保护装置，恢复全矿供电。

②备用线路系统无电，主供线路有电。经与上级供电部门联系，确非本所系统故障，则静等来电，同时，变电所值班员要及时向机电科、矿调度指挥中心汇报。

③主供线路系统和备用线路系统全部无电。一旦发生全矿停电事故，值班员要立即向矿机电科值班室及矿调度指挥中心汇报，并详细检查站内供电系统，与上级供电部门联系，确认主备线路都因故障断电情况下，断开主备线路断路器，拉开隔离刀闸。立即通知矿机电科电气主管、生产调度指挥中心说明情况，机电科值班人员在接到通知后要立即到值班室待命，指导恢复供电工作，启动发电机组，恢复地面主扇及井下排水系统的供电。

6. 爆炸材料事故现场处置

（1）事故特征

1）储存民爆器材的井下存放点发生火灾，或存放点以外发生有可能蔓延到存放点的火灾。

2）发生燃烧或爆炸，造成人员伤亡。

3）民爆器材被盗、被抢、丢失及发生其他意外流失。

4）运输民爆器材途中，发生翻车、燃烧、爆炸或丢失。

（2）现场应急组织与职责

1）现场应急形式及人员构成情况：基层单位现场应急组织以班组为单位，由全班组人员组成。现场应急组织组长由班组长担任，成员为全体班组人员。

2）现场应急组织机构、人员的具体职责：

现场应急组织组长职责：

①负责查看事故性质、范围和发生原因等情况。

②快速报告给调度室。

③带领全班组人员，开展自救、互救工作。

现场应急组织成员职责：

在班组长的带领下开展自救、互救工作。尽可能采取措施防止事故扩大，减少人员伤亡。

（3）应急处置

1）事故应急处置程序。发生事故（险情）后，矿山（公司）主要领导或分管领导应在最短的时间以最快的方式向上级主管部门、公安、安监、政府办公室报告，并视其情况与消防队、人民医院等部门联系救援，并及时做好情况的续报工作。

安全事故（险情）发生后，当事人或在场人员立即向矿山（公司）主要领导或分管领导报告，并采取有效措施控制势态发展，尽力自救。矿山（公司）领导接到发生事故（险情）报告后，立即命令启动预案，根据事故的情况采取相应的应急救援措施，全力控制势态的扩大。

现场发生事故后，现场人员必须立即向矿调度室、安全科汇报。

2）现场应急处置措施。民爆物品在存放点发生爆炸后，在场人员应立即封锁现场，并将出事地点、时间、事故情况立即报告调度室、安全科。应急小组赶赴现场，到现场后，待救援组长判断无第二次爆炸发生的前提下，救援伤员，转移其他物资，妥善保存现场重要痕迹和物证，并对事故情况和损失如实汇总上报。

若发生爆炸物品失窃，火药发放人员应立即对现场进行保护，报告矿山（公司）领导和公安机关（电话：110）。安全科立即赶赴现场了解情况，协助公安机关进行破案，并向上级有关部门报告。

若运输民爆物品车辆在途中出现故障及发生交通事故时，驾驶员和押运员应及时封锁现场，将民爆物品转移到安全位置，派专人看守，并在前后安全距离范围内设立警示牌，迅速采取有效抢修措施，尽快使车辆恢复良好状态。发生交通事故时，立即向交警部门和矿山（公司）报告，矿山（公司）立即派得力人员前往出事地点进行处理。

爆破器材爆炸事故发生后应急处置的基本原则：及时、有序、正确地处置，保护人们的生命，减少伤痛和死亡，保护事故现场，防止发生事故蔓延和二次事故。

发生事故后，应及时采取有效措施，防止事故进一步扩大，可以采取如下措施：

①通知灾区附近人员迅速撤离。

②切断灾区内电源，防止产生电火花，引起火灾和爆炸。

③消除堵塞物，以利于救人。

④寻找火源，扑灭爆炸引起的火灾，消除高温点，防止发生二次爆炸。

⑤通知有关领导及矿山救援队立即救援。

⑥在各个可升井井口站岗，严禁人员从井口上下，由安监部门会同公安部门到井下查找爆炸材料。

⑦要做好灾区现场保护，除救人和处理险情紧急需要，一般不得破坏现场。

⑧发生严重事故后，要快速报告地方政府及时协调对交通管制，开设应急救援特别通道，最大限度赢取抢险救援时间。

7. 煤矿地质灾害事故现场处置

（1）事故特征

1）地质灾害事故主要有地面下沉、塌陷、裂纹、岩层移位等。

2）地质灾害事故一般发生在采空区内，多发生在汛期内。

3）地质灾害可能造成财产损失和人员伤亡。

（2）现场应急组织与职责

1）现场应急形式及人员构成情况：基层单位现场应急组织以班组为单位，由全班组人员组成。现场应急组织组长由班组长担任，成员为全体班组人员。

2）现场应急组织机构、人员的具体职责：

现场应急组织组长职责：

①负责查看事故性质、范围和发生原因等情况。

②快速报告给调度室。

③带领全班组人员，开展自救、互救工作。

现场应急组织成员职责：

在班组长的带领下开展自救、互救工作。尽可能采取措施防止事故扩大，减少人员伤亡。

（3）应急处置

1）事故应急处置程序。巡查小组发现有地质灾害事故后，必须及时汇报地质灾害防治办公室，汇报方式采用电话汇报，必须派专人进行警戒。

汇报内容应包括灾害地点、灾害性质、受灾人数、影响程度、现场情况等内容。

地质灾害防治办公室接到报告后，立即电话报告调度室、值班矿领导、矿长、总工程师、抢险队和有关人员。

主要领导、值班矿领导、矿长、总工程师、有关人员必须 24 h 开手机，以便及时进行联系。

矿调度室负责将事故情况如实汇报给政府主管部门。

2）现场应急处置措施。现场抢险人员立即在队长带领下，利用铲车、镐、锨等工具对塌陷区进行填充。有积水的要排净积水；有裂缝的地方要夯实填平，尽量恢复原貌。

设立警戒防止无关人员入内。

3）地面材料库必须备有以下物资：锨、镐、草麻袋、雨衣、抬筐、扁担、手电筒、应急水泵（功率据矿实际情况定）两台、应急排水胶管。另外还有水泥、黏土等应急物质。

所有应急物资、应急工具及装备没有特殊情况不得使用，每天要有专人进行维护和检查，其他原因使用后必须及时进行补充。

复习思考题

1. 事故现场处置原则有哪些？

2. 事故现场处置基本方法有哪些？

3. 典型事故现场处置程序有哪些？

技能实训五：事故应急处置模拟操作

一、实训目标

1. 掌握各种类型事故的基本应急处置程序。

2. 熟悉事故现场应急处置方法和自救措施。

二、任务描述

火灾事故、毒物泄漏或矿山事故任选一个，假如你是现场救灾人员，应该如何进行事故处置。

三、任务准备

1. 实训场地，事故模拟设备设施。

2. 提前进行任务布置和学生分组工作。

3. 提前熟悉应急处置的相关法规和操作规范。

四、知识要点

1. 火灾事故的诱发原因。

2. 火灾事故现场处置防护措施。

3. 火灾事故现场处置方法。

4. 毒物泄漏事故防护措施。

5. 毒物泄漏事故现场处置方法。

6. 泄漏事故应急处置的后续工作。

7. 矿山事故类型和特点。

8. 矿山相应事故现场处置方法。

五、实训过程

1. 在事故模拟实训室集合，由指导教师讲解实训要求和任务布置。

2. 由任课教师进行现场事故模拟设备的操作演示。

3. 按照学生分组进行实际操作实践。

4. 教师现场解答指导、答疑。

5. 实训指导总结。

六、注意事项

实训过程一定要按照教师要求进行，爱护实训设备，有疑问必须及时提出。

七、总结与思考

1. 模拟事故处理过程中有哪些情况提前没有预见到？

2. 模拟现场事故应急处置措施是否符合实际？

第六章
事故应急救援常用装备

本章学习目标

1. 知识目标

熟悉应急救援常用设备结构原理和使用方法。

2. 技能目标

能够正确使用各种常见的应急救援设备。可以处理常见的应急救援设备故障问题。

第一节 事故应急救援装备配置基本要求

一、装备种类的要求

应急救援装备的种类很多，同类产品在功能、使用、质量、价格等方面也存在很大差异，所以如何正确地选择装备对于不同的企业或应急组织有重要意义。对于目前来说，大多数企业或应急组织选择的要求如下：

1. 根据法规要求进行选择

对法律法规明文要求必备的，必须配备到位。随着应急法制建设的推进，相关的专业应急救援规程、规定、标准逐步实施。对于这些规程、标准、规定要求配备的装备必须依法配备到位。

2. 根据预案要求进行选择

应急预案是应急准备与行动的重要指南，因此，应急救援装备必须依照应急预案的要求进行选择配备。应急预案中需要配备的装备，有些可能明确列出，有些可能只是列出通用性要求。对于明确列出的装备直接照方抓药即可，而对于没有列出具体名称，只列出通用性要求的设备，则要根据要求，根据所需要的功能与用途进行认真选定，不能有疏漏，以满足应急救援的实际需要。

3. 应急救援装备选购要求

应急救援的装备种类很多，价格差距往往也很大。在选购时，首先要明确需求，从功能上正确选购。其次，要考虑到使用的方便，从实用性上进行选购。然后，要保证性能稳定、质量可靠，从耐用性、安全性上选购。最后，要从经济性上选购，从价格和维护成本上货比三家，在满足需要的前提下，尽可能地少花钱，多办事。

4. 严禁采用淘汰类型的产品

应急救援装备像生活中的其他设备一样，都会经历一个产生、改进、完善的过程，在这个过程中，也可能出现因当初设计不合理，甚至存在严重缺陷而被淘汰的产品，对这些淘汰产品必须严禁采用。如果采用这些淘汰产品，极有可能在应急救援行动过程中，降低救援的效率，甚至引发不应发生的次生事故。

二、装备数量、质量要求

1. 装备数量要求

应急救援装备的配备数量，应坚持三个原则，确保应急救援装备的配备数量到位。

（1）依法配备。对法律法规明文要求必备数量的，必须依法配备到位。

（2）合理配备。对法律法规没做明文要求的，按照预案要求和企业实际，合理配备。

（3）双套配备。任何设备都可能损坏，因此，应急救援装备在使用过程中突然出现故障，无论从理论上分析，还是从实践中考虑，都会发生。一旦发生故障，不能正常使用，应急行动就很可能被迫中断。如总指挥的手机突然损坏，或电池耗尽，不能正常使用，指挥通信系统的中断，就很可能使应急救援行动处于等待指示的中断状态之中。又如，遇到氨气泄漏，如果只有一具空气呼吸器，此空气呼吸器出现故障不能正常使用或者余量不足，现场救援处置行动必将因此而停止。因此，对于一些特殊的应急救援装备，必须进行双套配置，当设备出现故障不能正常使用，立即启用备用设备。同时，对于双套配置的问题，要根据实际情况全面考虑。既不要怕花钱，也不能一概双套配置，造成过度投入，浪费资金。一个准则：必须保证救援行动不出现严重的中断，不受到严重的影响。因此，对应急救援设备的双套配备应坚持以下原则：

1）如有能力，尽可能双套配置，对一些关键设备如通信话机、电源、事故照明等必须双套配置。

2）如能力不足或设备性能稳定性高，可单套配置，通过加强维护，并预想设备损坏情况下的应急对策，如通过互助协议寻求支援。

2. 装备质量要求

应急救援装备的功能要求，就是要求应急救援装备必须能完成预案所确定的任务。

必须特别注意，对于同样用途的装备，会因使用环境的差异出现不同的功能要求，这就必须根据实际需要提出相应的特殊功能要求。如在高温潮湿的南方，在寒冷低温的北方，可燃气体监测仪、水质监测仪能否正常工作。许多情况下，应急装备都有其使用温度范围、湿度范围等限制，因此，在一些条件恶劣的特殊环境下，应该特别注意应急救援装备的适用性。

第二节　应急救援装备

一、消防设施与器材

1. 消防设施

《中华人民共和国消防法》中规定消防设施是指火灾自动报警系统、自动灭火系统、消火栓系统、可提式灭火器系统、灭火器防烟排烟系统及应急广播和应急照明、安全疏散设施等。消防器材是指灭火器等移动灭火器材和工具。

(1) 火灾自动报警系统。自动消防系统应包括探测、报警、联动、灭火、减灾等功能。火灾自动报警系统主要完成探测和报警功能，控制和联动等功能主要由联动控制系统来完成。联动控制系统是由联动控制器与现场的主动型设备和被动型设备组成。现场主动型设备是指在火灾参数的作用下，设备自动执行某种动作；现场被动型设备是指在控制器或人为的控制下才能动作。

所以消防系统中有三种控制方式：自动控制、联动控制、手动控制。

火灾自动报警系统是由触发装置、火灾报警装置、火灾警报装置和电源等部分组成的通报火灾发生的全套设备，如图 6—1 所示，复杂系统还包括消防控制设备。

在火灾自动报警系统中，自动或手动产生火灾报警信号的器件称为触发器件，主要包括火灾探测器和手动火灾报警按钮。用以接收、显示和传递火灾报警信号，并能发出控制信号和具有其他辅助功能的控制指示称为火灾报警装置，火灾报警控制器就是其中最基本的一种。用以发出区别于环境声、光的火灾警报信号的装置称为火灾警报装置，火灾警报器就是一种最基本的火灾警报装置，它以声、光、音响方式向报警区域发出火灾警报信号，以警示人们采取安全疏散、灭火救灾措施。在火灾自动报警系统中，当接收到来自触发器件的火灾报警信号，能自动或手动启动相关消防设备并显示其状态的设备，称为消防控制设备。

1）系统分类。根据工程建设的规模、保护对象的性质、火灾报警区域的划分和消防管理机构的组织形式，将火灾自动报警系统划分为三种基本形式：区域火灾报警系

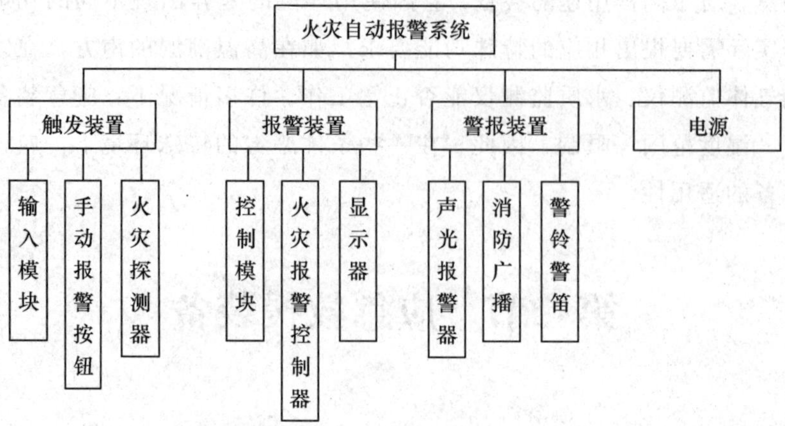

图 6—1　火灾自动报警系统组成

统、集中报警系统和控制中心报警系统，见表 6—1。区域火灾报警系统一般适用于二级保护对象；集中报警系统一般适用于一、二级保护对象；控制中心报警系统一般适用于特级、一级保护对象。

表 6—1　　火灾自动报警系统三种基本形式

类别	适用对象	主要设备设施	应用场所
区域火灾报警系统	二级保护对象	火灾探测器、手动报警按钮、区域火灾报警控制器、火灾警报装置和电源等部分	行政事业单位、工矿企业的要害部门和娱乐场所均可使用
集中报警系统	一、二级保护对象	由一台集中报警控制器、两台以上的区域报警控制器、火灾警报装置和电源等组成	高层宾馆、饭店、大型建筑群一般使用的都是集中报警系统
控制中心报警系统	特级、一级保护对象	集中报警控制器、区域报警控制器、火灾探测器、消防联动控制设备	大型宾馆、饭店、商场、办公室、大型建筑群和大型综合楼工程等

区域火灾报警系统包括火灾探测器、手动报警按钮、区域火灾报警控制器、火灾警报装置和电源等部分。这种系统比较简单，但使用很广泛，例如行政事业单位、工矿企业的要害部门和娱乐场所均可使用。

集中报警系统由一台集中报警控制器、两台以上的区域报警控制器、火灾警报装置和电源等组成。高层宾馆、饭店、大型建筑群一般使用的都是集中报警系统。集中报警控制器设在消防控制室，区域报警控制器设在各层的服务台处。对于总线控制火灾报警控制系统，区域报警控制器就是重复显示屏。

控制中心报警系统除了集中报警控制器、区域报警控制器、火灾探测器外，在消防控制室内增加了消防联动控制设备。被联动控制的设备包括火灾警报装置、火警电话、火灾应急照明、火灾应急广播、防排烟、通风空调、消防电梯和固定灭火控制装置等。也就是说集中报警系统加上联动的消防控制设备就构成控制中心报警系统。控制中心报警系统用于大型宾馆、饭店、商场、办公室、大型建筑群和大型综合楼工程等。

2）火灾报警控制器。火灾报警控制器（以下简称控制器）是火灾自动报警系统中的主要设备，它除了具有控制、记忆、识别和报警功能外，还具有自动检测、联动控制、打印输出、图形显示、通信广播等功能。当然，控制器功能的多少也反映出火灾自动报警系统的技术构成、可靠性、稳定性和性价比等因素，是评价火灾自动报警系统先进与否的一项重要指标。火灾报警控制器按其用途不同，可分为区域火灾报警控制器、集中火灾报警控制器和通用火灾报警控制器三种基本类型。

3）火灾自动报警系统的适用范围。火灾自动报警系统是一种用来保护生命与财产安全的技术设施。理论上讲，除某些特殊场所如生产和贮存火药、炸药、弹药、火工品等场所外，其余场所都能适用。由于建筑，特别是工业与民用建筑，是人类的主要生产和生活场所，因而也就成为火灾自动报警系统的基本保护对象。从实际情况看，国内外有关标准规范都对建筑中安装的火灾自动报警系统作了规定，我国现行国家标准《火灾自动报警系统设计规范》（GB 50116—2013）明确规定：“本规范适用于新建、扩建和改建的建、构筑物中设置的火灾自动报警系统的设计，不适用生产和贮存火药、炸药、弹药、火工品等场所设置的火灾自动报警系统。”

（2）自动灭火系统。主要包括水灭火系统、气体灭火系统、泡沫灭火系统。

1）水灭火系统。水灭火系统包括室内外消火栓系统、自动喷水灭火系统、水幕和水喷雾灭火系统。

2）气体灭火系统。以气体作为灭火介质的灭火系统称为气体灭火系统。气体灭火系统的使用范围是由气体灭火剂的灭火性质决定的。灭火剂应当具有的特性是：化学稳定性好、耐储存、腐蚀性小、不导电、毒性低、蒸发后不留痕迹，适用于扑救多种类型火灾。

3）泡沫灭火系统。泡沫灭火系统指空气机械泡沫系统。按发泡倍数泡沫系统可分为低倍数泡沫灭火系统、中倍数泡沫灭火系统和高倍数泡沫灭火系统。发泡倍数在20倍以下的称低倍数泡沫，发泡倍数在21～200倍之间的称中倍数泡沫，发泡倍数在201～1 000倍之间的称高倍数泡沫。

（3）防排烟与通风空调系统。火灾产生的烟气是十分有害的。火场的烟气，包括烟雾、有毒气体和热气，不但影响消防人员的扑救，而且会直接威胁人身安全。火灾时，水平和垂直分布的各种空调系统、通风管道及竖井、楼梯间、电梯井等是烟气蔓延的主要途径。要把烟气排出建筑物外，就要设置防排烟系统，机械排烟系统可以减少着火层烟气及其向其他部位的扩散，利用加压进风可以建立无烟区空间并可防止烟气越过挡烟屏障进入压力较高的空间。因此，防排烟系统能改善着火地点的环境，使建筑内的人员能安全撤离现场，使消防人员能迅速靠近火源，用最短的时间抢救濒危的生命，用最少的灭火剂在损失最小的情况下将火扑灭。此外，它还能将未燃烧的可燃性气体在尚未形成易燃烧混合物之前被驱散，避免轰燃或烟气爆炸的产生；将火灾现场的烟和热及时排去，减弱火势的蔓延，排除灭火的障碍，是灭火的配套措施。

排烟有自然排烟和机械排烟两种形式。排烟窗、排烟井是建筑物中常见的自然排烟形式，它们主要适用于烟气具有足够大的浮力、可以克服其他阻碍烟气流动的驱动力的区域。机械排烟可克服自然排烟的局限，有效地排出烟气。

(4) 火灾警报装置与应急广播。火灾警报装置（包括警铃、警笛、警灯等）是发生火灾时向人们发出警告的装置，即告诉人们着火了，或者有什么意外事故。火灾应急广播，是发生火灾时（或意外事故时）指挥现场人员进行疏散的设备。为了及时向人们通报火灾，指导人们安全、迅速地疏散，火灾事故广播和警报装置按要求设置是非常必要的。

2. 消防器材

(1) 灭火剂。灭火剂是能够有效地破坏燃烧条件，中止燃烧的物质。一切灭火措施都是为了破坏已经产生的燃烧条件，并使燃烧的连锁反应中止。灭火剂被喷射到燃烧物和燃烧区域后，通过一系列的物理、化学作用，可使燃烧物冷却、燃烧物与氧气隔绝、燃烧区内氧的浓度降低、燃烧的连锁反应中断，最终导致维持燃烧的必要条件受到破坏，停止燃烧反应，从而起到灭火作用。

1) 水和水系灭火剂。水是最常用的灭火剂，它既可以单独用来灭火，也可以在其中添加化学物质配制成混合液使用，从而提高灭火效率，减少用水量。这种在水中加入化学物质的灭火剂称为水系灭火剂。

①水能从燃烧物中吸收很多热量，使燃烧物的温度迅速下降，从而使燃烧中止。

②水在受热汽化时，体积增大 1 700 多倍，当大量的水蒸气笼罩于燃烧物的周围时，可以阻止空气进入燃烧区，从而大大减少氧的含量，使燃烧因缺氧而窒息熄灭。

③在用水灭火时，加压水能喷射到较远的地方，具有较大的冲击作用，能冲过燃烧表面而进入内部，从而使未着火的部分与燃烧区隔离开来，防止燃烧物继续分解燃烧。

④水能稀释或冲淡某些液体或气体，降低燃烧强度。

⑤水能浇湿未燃烧的物质，使之难以燃烧。

⑥水还能吸收某些气体、蒸气和烟雾，有助于灭火。

不能用水扑灭的火灾主要包括：

①密度小于水和不溶于水的易燃液体的火灾，如汽油、煤油、柴油等。苯类、醇类、醚类、酮类、酯类及丙烯腈等大容量储罐，如用水扑救，则水会沉在液体下层，

被加热后会引起爆沸，形成可燃液体的飞溅和溢流，使火势扩大。

②遇水产生燃烧物的火灾，如金属钾、钠、碳化钙等，不能用水，而应用沙土灭火。

③硫酸、盐酸和硝酸引发的火灾，不能用水流冲击，因为强大的水流能使酸飞溅，流出后遇可燃物质，有引起爆炸的危险。酸溅在人身上，能灼伤人。

④电气火灾未切断电源前不能用水扑救，因为水是良导体，容易造成触电。

⑤高温状态下化工设备的火灾不能用水扑救，以防高温设备遇冷水后骤冷，引起形变或爆裂。

2）气体灭火剂。气体灭火剂的使用始于19世纪末期。由于气体灭火剂具有释放后对保护设备无污染、无损害等优点，其防护对象逐步向各种不同领域扩充。由于二氧化碳的来源较广，利用隔绝空气后的窒息作用可成功抑制火灾，因此早期的气体灭火剂主要采用二氧化碳。由于二氧化碳不含水、不导电、无腐蚀性，对绝大多数物质无破坏作用，所以可以用来扑灭精密仪器和一般电气火灾。它还适于扑救可燃液体和固体火灾，特别是那些不能用水灭火及受到水、泡沫、干粉等灭火剂的玷污容易损坏的固体物质火灾。但是二氧化碳不宜用来扑灭钾、镁、钠、铝等金属及金属过氧化物（如过氧化钾、过氧化钠）、有机过氧化物、氯酸盐、硝酸盐、高锰酸盐、亚硝酸盐、重铬酸盐等氧化剂的火灾。因为二氧化碳从灭火器中喷射出时，温度降低，使环境空气中的水蒸气凝聚成小水滴，上述物质遇水即发生反应，释放大量的热量，同时释放出氧气，使二氧化碳的窒息作用受到影响。因此，上述物质用二氧化碳灭火效果不佳。

在研究二氧化碳灭火系统的同时，国际社会及一些西方发达国家不断地开发新型气体灭火剂，卤代烷1211、1301灭火剂具有优良的灭火性能，因此在一段时间内卤代烷灭火剂基本统治了整个气体灭火领域。后来，人们逐渐发现释放后的卤代烷灭火剂与大气层的臭氧发生反应，致使臭氧层出现空洞，使生存环境恶化。因此，国家环保局于1994年专门发出《关于非必要场所停止再配置哈龙灭火器的通知》。

淘汰卤代烷灭火剂，促使人们寻求新的环保气体替代。被列为国际标准草案ISO 14520的替代物有14种。综合各种替代物的环保性能及经济分析，七氟丙烷灭火剂最具推广价值。该灭火剂属于含氢氟烃类灭火剂，国外称为FM－200，具有灭火浓度低、灭火效率高、对大气无污染的优点。另外，混合气体IC－541灭火剂同样对大气层具有无污染的特点，现已逐步开始使用。由于其是由氮气、氩气、二氧化碳自然组合的一种混合物，平时以气态形式储存，所以喷放时，不会形成浓雾或造成视野不清，使人员在火灾时能清楚地分辨逃生方向，且它对人体基本无害。

3）泡沫灭火剂。泡沫灭火剂有两大类型，即化学泡沫灭火剂和空气泡沫灭火剂。化学泡沫是通过硫酸铝和碳酸氢钠的水溶液发生化学反应，产生二氧化碳，而形成泡沫。空气泡沫是由含有表面活性剂的水溶液在泡沫发生器中通过机械作用而产生的，泡沫中所含的气体为空气。空气泡沫也称为机械泡沫。

空气泡沫灭火剂种类繁多，根据发泡倍数的不同可分为低倍数泡沫、中倍数泡沫和高倍数泡沫灭火剂。高倍数泡沫灭火系统替代低倍数泡沫灭火系统是当今的发展趋势。高倍数泡沫的应用范围远比低倍数泡沫广泛得多。高倍数泡沫灭火剂的发泡倍数高（201～1 000 倍），能在短时间内迅速充满着火空间，特别适用于大空间火灾，并具有灭火速度快的优点；而低倍数泡沫则与此不同，它主要靠泡沫覆盖着火对象表面，将空气隔绝而灭火，且伴有水渍损失，所以它对液化烃的流淌火灾和地下工程、船舶、贵重仪器设备及物品的灭火无能为力。高倍数泡沫灭火技术已被各工业发达国家应用到石油化工、冶金、地下工程、大型仓库和贵重仪器库房等场所，尤其在近 10 年，高倍数泡沫灭火技术多次在油罐区、液化烃罐区、地下油库、汽车库、油轮、冷库等场所扑救失控性大火起到决定性作用。

4）干粉灭火剂。干粉灭火剂由一种或多种具有灭火能力的细微无机粉末组成，主要包括活性灭火组分、疏水成分、惰性填料，粉末的粒径大小及其分布对灭火效果有很大的影响。窒息、冷却、辐射及对有焰燃烧的化学抑制作用是干粉灭火效能的集中体现，其中化学抑制作用是灭火的基本原理，起主要灭火作用。干粉灭火剂中的灭火组分是燃烧反应的非活性物质，当进入燃烧区域火焰中时，捕捉并终止燃烧反应产生的自由基，降低燃烧反应的速率，当火焰中干粉浓度足够高，与火焰的接触面积足够大，自由基中止速率大于燃烧反应生成的速率，链式燃烧反应被终止，从而使火焰熄灭。

干粉灭火剂与水、泡沫、二氧化碳灭火剂等相比，在灭火速率、灭火面积、等效单位灭火成本效果三个方面有一定优越性，因其灭火速率快、制作工艺过程不复杂、使用温度范围宽广、对环境无特殊要求，以及使用方便，不需外界动力、水源，无毒、无污染、安全等特点，目前在手提式灭火器和固定式灭火系统上得到广泛的应用。

化学泡沫灭火器和手提干粉灭火器的使用如图 6—2 和图 6—3 所示。

（2）消火栓。消火栓是用来连接消防水网与消防水龙带的固定供水接口。在消火栓上可直接连接消防水带通过消防水枪灭火，也可通过连接消防水带为消防车补给消防水，这是消火栓的两个功能，其主要功能是直接连接消防水带通过消防水枪灭火。

传统的消火栓，就是地下一端与消防管网连接，另一端装设规格不一的活接口，并加盖端盖护好接口。一般不防撞，不带压检、维修。

1）放置位置。消火栓应该放置于走廊或厅堂等公共的共享空间中，一般会在上述空间的墙体内，不管对其做何种装饰，要求有醒目的标注（写明“消火栓”），并不得在其前方设置障碍物，避免影响消火栓门的开启。

图 6—2　化学泡沫灭火器使用示意图

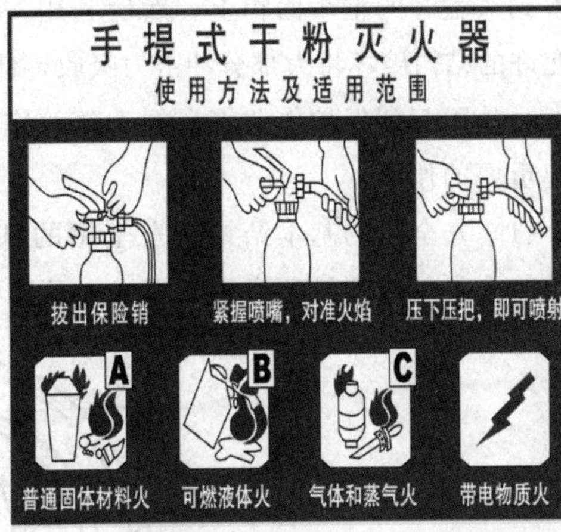

图 6—3　手提干粉灭火器的使用示意图

消火栓放在房间（如包厢）内，不符合消防规定，也不利于消防人员的及时救援。

2）使用方法如下：

①打开箱门。

②取出水带。

③接在阀门上。

④接上水枪。

⑤打开阀门。

⑥将水枪对准火苗灭火。具体示意图如图 6—4 所示。

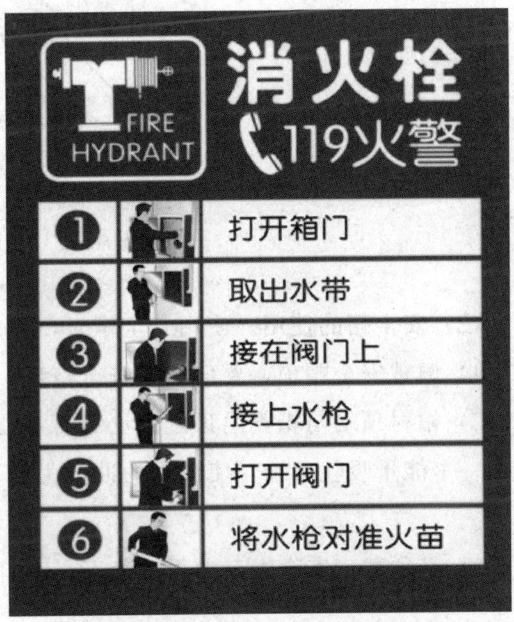

图 6—4　消火栓使用示意图

二、个体防护设备

1. 头部防护装备

头部容易受到撞击，受伤和死亡的危险性最大。头部受到冲击，很容易引起脑震荡、颅内出血、脑膜挫伤、颅骨伤害、脑膜挫伤等伤害，轻则致伤，重则致死。因此，许多场合需要佩戴安全帽，以免头部受到伤害危及生命安全与健康。

头部防护装备是为了防御头部不受外来物体打击而配备的个人防护装备。目前一般有安全帽、防尘帽、防水帽、防寒帽、防静电帽、防高温帽、防辐射帽等几种产品。本书主要介绍安全帽。

当作业人员头部受到坠落物的冲击时，利用安全帽帽壳、帽衬在瞬间先将冲击力分解到头盖骨的整个面积上，然后利用安全帽各部位缓冲结构的弹性变形、塑性变形和允许的结构破坏将大部分冲击力吸收，使最后作用到人员头部的冲击力降低到 4 900 N 以下，从而起到保护作业人员的头部的作用。安全帽的帽壳材料对安全帽整体抗击性能起重要的作用。

（1）安全帽的基本结构。安全帽的基本结构包括帽体、帽衬、系带、帽衬顶带、吸收冲击内衬、帽衬环形带、帽檐，具体构造如图 6—5 所示。

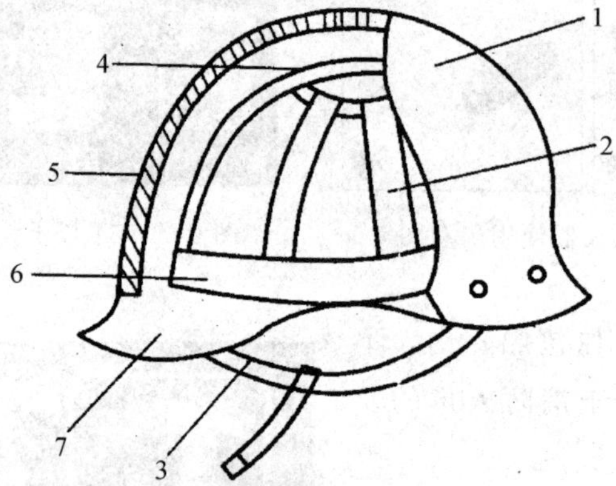

图 6—5　安全帽结构示意图

1—帽体　2—帽衬　3—系带　4—帽衬顶带

5—吸收冲击内衬　6—帽衬环形带　7—帽檐

（2）安全帽的使用。使用安全帽时，首先要选择与自己头型适合的安全帽。

1）佩戴安全帽前，要仔细检查合格证、使用说明、使用期限，并调整帽衬尺寸。

2）帽衬顶端与帽壳内顶之间必须保持 20～50 mm 的空间。有了这个空间，才能形成一个能量吸收系统，使遭受的冲击力分布在头盖骨的整个面积上，减轻对头部的伤害。

3）必须戴正安全帽，如果戴歪了，一旦头部受到物体打击，就不能减轻对头部的伤害。

4）必须系好下系带。如果没有系好系带，一旦发生坠落或物体打击，安全帽就会离开头部，这样起不到保护作用，或达不到最佳效果。

5）安全帽在使用过程中会逐渐损坏，要经常进行外观检查。如果发现帽体与帽衬有异常损伤、裂痕等现象，或水平垂直间距达不到标准要求的，就不能再使用，而应当更换新的安全帽。

6）不能随意对安全帽进行拆卸或添加附件，以免影响其原有的防护性能。佩戴一定要戴正、戴牢，不能晃动，调节好后箍，以防安全帽脱落。

7）安全帽如果较长时间不用，则需存放在干燥通风的地方，远离热源，不受日光的直射。

还有一点需要注意，安全帽只要受过一次强力的撞击，就无法再次有效吸收外力，有时尽管外表上看不到任何损伤，但是内部已经遭到损伤，不能继续使用。

2. 眼面部防护装备

眼面部防护装备很多，根据防护部位和性能，分为洗眼器、防护眼镜和防护面罩。

(1) 洗眼器。洗眼器主要是在有毒有害危险作业环境下使用的应急救援设施。当现场作业者的眼睛或者身体接触有毒有害及具有其他腐蚀性化学物质的时候，可以用这些设备对眼睛和身体进行紧急冲洗或者冲淋，主要是避免化学物质对人体造成进一步伤害，但是这些设备只是对眼睛和身体进行初步的处理，不能代替医学治疗，情况严重的，必须尽快进行进一步的医学治疗。洗眼器适合在核能、石油、化工、机械制造、汽车轮船修造、铸造、喷漆、印染等领域使用。洗眼器的结构和使用如图 6—6 所示。

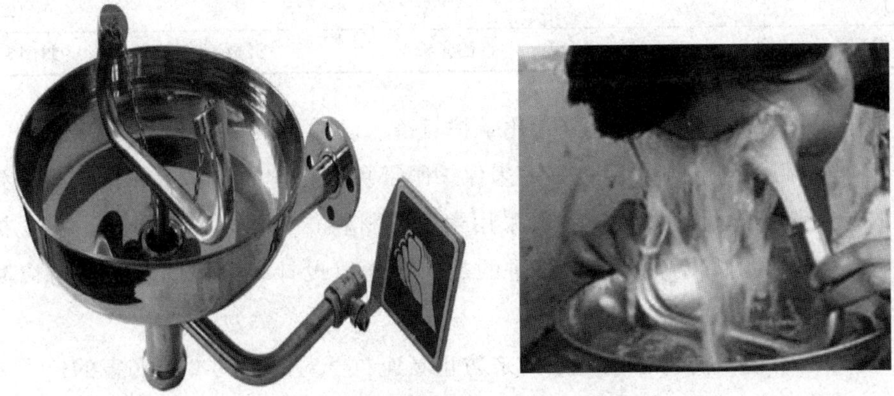

图 6—6　洗眼器的结构和使用示意图

1) 洗眼器的分类。根据功能不同，洗眼器可以分为复合式洗眼器、单一式洗眼器两种。复合式洗眼器，既可以通过喷淋清洗有毒服装与身体，也可以清洗眼部、面部、脖子或者手臂等地方。

根据洗眼器的供水源不同，可以分为固定式洗眼器和移动式洗眼器。移动式洗眼器又称为便携式洗眼器。

2) 洗眼器使用注意事项。首先，根据工作现场有毒有害化学物质来决定。当使用现场存在着氯化物、氟化物、硫酸或者是浓度超过 50% 的草酸，只能选择浸塑 ABS 的不锈钢洗眼器或者采用特殊处理过的高性能不锈钢洗眼器。因为采用不锈钢 304 材料生产的洗眼器，可以抗一般情况下的酸、碱、盐和油类等物质的腐蚀，但是无法抗氯化物、氟化物、硫酸或者是浓度超过 50% 的草酸的腐蚀，在上述物质存在的工作环境，使用不锈钢 304 材料生产的洗眼器，不到六个月时间，洗眼器就会有很大程度上的破坏。

其次，根据当地冬天的温度来决定。目前，除了在我国华南地区外，其他地区在冬天都会出现0 ℃以下的天气，那么洗眼器里面有积水存在，会结冰影响洗眼器的正常使用。要解决洗眼器里面的积水问题，就必须使用防冻型洗眼器（包括地上式自动排空防冻型洗眼器、地埋式自动排空防冻型洗眼器）、电伴热洗眼器或者电加热洗眼器。

（2）防护眼镜。防护眼镜是在眼镜架内装有各种护目镜片，防止不同有害物质伤害眼睛的眼部防护具，如防冲击、辐射、化学药品等防护眼镜。

防护眼镜、眼罩按照外形结构可以分为普通型、带侧光板型、开放型和封闭型，见表6—2。

表6—2　　防护眼镜、眼罩类型及代号

名称	眼镜		眼罩	
代号	A—1	A—2	B—1	B—2
类型	普通型	带侧光板型	开放型	封闭型

防护眼镜按照防护性能可以分为化学护目镜、防冲击眼镜等。

1）化学护目镜。化学护目镜是用来保护眼部免受化学品伤害（如化学品溅到眼睛里面）的专用眼镜。化学护目镜一般采用聚乙烯材料，轻质，佩戴舒适。化学护目镜一般具有防雾和不防雾两种。比较先进的是间接通风设计，内侧防雾，还可以防化学飞溅和撞击。

2）防冲击眼镜。防冲击眼镜是用来防止高速粒子对眼部的冲击伤害的，主要是供大型切削、破碎、研磨、清砂、木工、建筑、凿岩等各种机械加工行业的作业人员使用。包括有机玻璃眼镜、CR-39眼镜、钢双纱外网防护眼镜、钢化玻璃眼镜。

3. 呼吸防护装备

（1）装备分类。按照防护原理来分主要分为过滤式和隔绝式两大类。

1）过滤式呼吸器。过滤式呼吸器主要依据过滤吸收原理，利用过滤材料过滤除去空气中有毒有害物质，将受到污染的空气转变为清洁空气供人员呼吸的一类呼吸防护装置，比如防尘口罩、防毒口罩和过滤式防毒面具。

2）隔绝式呼吸器。隔绝式呼吸器是依据隔绝的原理，使人员呼吸器官、眼睛和面部与外界隔绝，依靠自身携带的气源或靠导气管引入受污染环境以外的洁净空气，保障人员的正常呼吸。也称为隔绝式防毒面具。

3）过滤式和隔绝式呼吸器的选择和使用。过滤式呼吸防护用品的使用要受到环境限制，当环境中存在着过滤材料不能滤除有毒有害物质，或氧气含量低于18%，或有毒有害物质浓度较高（通常体积浓度＞1%）时均不能使用，这种环境下应该使用隔绝式呼吸防护用品。

按照供气原理来分类，主要分为自吸式、自给式和动力送风式三类。

1）自吸式呼吸器。自吸式呼吸器是指靠佩戴者自主呼吸克服部件阻力的呼吸防护用品，如普通的防尘口罩、防毒口罩和过滤式防毒面具。其特点是结构简单、质量轻、不需要动力消耗，缺点是由于吸气时防护用品和呼吸器官之间空间形成负压，气密和安全性相对较差。

2）自给式呼吸器。自给式呼吸器是指以压缩气体钢瓶为气源供气，使人的呼吸器官、眼睛和面部完全与外界受污染空气隔离，依靠面具本身提供的氧气（空气）来满足人的呼吸需要的一类防护面具，主要由面罩、供气系统和背具构成，面罩的结构和性能与过滤式防护面具基本相同。呼吸器按照供气系统的供氧原理可以分为储气式、储氧式和生氧式三种。

自给式呼吸器主要用于有毒有害物质浓度较高、有害气体浓度不明或环境空气中空气氧浓度较低及存在大量的一氧化碳等状况，过滤式防毒面具无法发挥作用的场所。自给式呼吸器的优点是不论毒剂是何种类、状态和密度大小，均可以有效予以保护。自给式呼吸器的缺点是质量重、体积大、结构复杂、价格贵、使用和维护保管质量要求高。

3）动力送风式呼吸器。动力送风式呼吸器是依靠动力克服部件阻力提供气源，保障人员正常呼吸的防护用品，如军用过滤送风面具、送风式长管呼吸器等。其特点是以动力克服呼吸器阻力，人员在使用中动力负荷小，适合作业强度大、环境气压较低、情况紧急、人员心理紧张等环境和场合使用。

按防护部位及气源与呼吸器官的连接方式来分类，主要分为口罩式、面具式、口具式三类。

1）口罩式呼吸防护用品。口罩式呼吸防护用品主要是指通过呼吸器官口、鼻来避免有毒有害物质吸入对人体造成伤害的呼吸防护用品，包括平面式、半立体式和立体式多种，如普通医用口罩、防尘口罩、防毒口罩。

2）面具式呼吸防护用品。面具式呼吸防护用品在保护呼吸器官同时，也保护眼睛和面部，如各种过滤式和隔离式防毒面具。

3）口具式呼吸防护用品。口具式呼吸防护用品通常也称为口部呼吸器，与前两者不同之处在于，佩戴这类呼吸防护用品时，鼻子要用鼻夹夹住，必须用口呼吸，外界受污染空气经过滤后直接进入口部。其特点是结构简单、体积小、质量轻、佩戴气密性好，但使用时无法通话。可以用于矿山自救、紧急逃生等情况。

按人员吸气环境分类，可以分为正压式和负压式两种。

1）正压式呼吸器。正压式呼吸器是指呼吸循环过程中，面罩内压力均大于环境压力的呼吸防护用品。

2）负压式呼吸器。负压式呼吸器是指呼吸循环过程中，面罩内压力均小于环境压力的呼吸防护用品。

隔绝式和动力送风式呼吸防护用品多采用钢瓶或专用供气系统，一般为正压式。过滤式呼吸防护用品多靠自主呼吸，一般为负压式。

正压式呼吸防护用品可以避免外界受污染或缺氧空气漏入，防护安全性更高，当外界环境危险程度较高时，一般应优先选用。

按照气源携带方式分类可以分为携气式和长管式两大类。

1）携气式呼吸器。携气式呼吸器以移动供气系统为气源（如储气钢瓶、生氧装置），机动性较强，但身体负荷较大。

2）长管式呼吸器。长管式呼吸器以移动供气系统为气源，通过长导管输送气体供人员呼吸，不需要自身携带气源，使用中身体负荷小，但机动性受到一定限制。

按照呼出的气体是否排放到外界分类，可以分为闭路式和开放式两类。

1）闭路式呼吸器。闭路式呼吸器使用者呼出的气体不直接排放到外界，而是经过净化和补氧后供循环呼吸。安全性更高，但结构复杂。

2）开放式呼吸器。开放式呼吸器使用者呼出的气体直接排放到外界，结构较前者简单，但是安全性及防护时间常会受到一定影响。

呼吸防护用品按照用途分为防尘、防毒和供气三类。

呼吸防护装备分类见表 6—3。

表 6—3　　呼吸防护装备分类表

呼吸保护装置分类依据	呼吸保护装置类别
按照防护原理分类	过滤式呼吸器
	隔绝式呼吸器
按照供气原理和供气方式分类	自吸式呼吸器
	自给式呼吸器
	动力送风式呼吸器
按防护部位及气源与呼吸器官的连接方式来分类	口罩式呼吸防护用品
	面具式呼吸防护用品
	口具式呼吸防护用品
呼吸保护装置分类依据	呼吸保护装置类别
按人员吸气环境分类	正压式呼吸器
	负压式呼吸器
按照气源携带方式分类	携气式呼吸器
	长管式呼吸器

续表

呼吸保护装置分类依据	呼吸保护装置类别
按照呼出的气体是否排放到外界分类	闭路式呼吸器
	开路式呼吸器
按照用途分类	防尘呼吸器
	防毒呼吸器
	供气呼吸器

（2）过滤式呼吸器

1）滤毒罐的防毒原理。滤毒罐内的装填物是由吸附剂层和过滤层两部分构成，其中，吸附剂层是过滤有毒蒸气的，过滤层是过滤有害气溶胶的。滤毒罐根据装填方式的不同，分为轴流式（层装式）和径流式（套装式）。轴流式滤毒罐内的吸附剂层是以床层方式装填的，截面不变，气体沿滤毒罐轴向流动。径流式滤毒罐内的吸附剂层是套装的，截面是变化的，气体沿滤毒罐直径方向流动。

①吸附剂层的防毒原理。有毒蒸气是工业毒物的基本状态之一，主要通过呼吸器官、眼睛和皮肤伤害人员。不论何种工业毒物，也不论采用何种使用方法，有毒蒸气总是存在的。因此，对于有毒蒸气的防护是基本的，防毒面具都必须有吸着有毒蒸气用的吸附剂层。

防毒面具的吸附剂层，采用的是载有催化剂或化学吸附剂的活性炭。这种活性炭通常称为浸渍活性炭或浸渍炭，或称为防毒炭或催化炭。

活性炭是浸渍炭的基础，浸渍炭的防毒性能在很大程度上取决于活性炭的性能与质量。在活性炭的过渡孔和大孔表面上，载有铜、银、铬或钼、锌等金属氧化物，这就是浸渍活性炭。这些金属氧化物的加入数量，对防毒性能影响较大。除添加这些金属氧化物外，为进一步提高防毒性能和稳定性，有的浸渍炭上还加有少量的碱（氢氧化钠）、氮苯、葡萄糖、三乙二胺之类的化学药剂。

②过滤层的防毒原理。过滤层是专门用来过滤有害气溶胶的。生产过程中产生的毒烟（固体微粒）、毒雾（液体微粒）、放射性灰尘和含细菌、病毒的微粒等，称为有害气溶胶。过滤层对有害气溶胶的过滤过程与气溶胶微粒的化学性质关系不大，主要与其物理性质、运动特性有关。

目前常用的玻璃纤维过滤层是由许多层纵横交错的纤维网格组成，气溶胶微粒通过时，总有机会接触到纤维而被阻留。发生这种接触的诸多效应中，主要是截留效应、惯性效应、扩散效应和静电效应四种，其中起主要作用的又是前三种效应。

滤烟层有两种：完全的与非完全的。完全的滤烟层采用过滤材料除去空气中的粒子，也就是说，过滤材料将大于孔隙的粒子挡在外面。然而，大部分面具的滤烟层是非完全滤烟层，这意味着它们含有比要除去的粒子直径大的孔隙，应利用截留、沉降、惯性、扩散和静电效应的组合去除粒子。真正发挥作用的组合过滤机理取决于粒子通过滤烟层的速率和粒子的尺寸，起主要作用的又是截留效应、惯性效应和扩散效应。

气溶胶和蒸气是两种不同的物态，其物理和运动特性也不尽相同，所以，过滤层过滤气溶胶和吸附剂层吸着毒剂蒸气，具有完全不同的特点。吸附剂层吸着毒剂时，一开始在吸附剂层的尾气流中没有毒剂分子透过，一段时间以后，尾气中开始有毒剂分子出现，毒剂浓度由小变大，逐渐增加，最终达到防护的阈值而穿透面具过滤罐。而气溶胶通过过滤层时，一开始就有烟雾透过，发生瞬时穿透，并且在通常情况下穿透浓度基本不变，不随时间的延长而增大。

③滤毒罐的选择。在使用防毒面具时，应根据生产环境中不同种类和性质的有毒蒸气、气体、有害气溶胶选择合适的滤毒罐。

2）过滤式防毒口罩与面具。过滤式防毒口罩是以超细纤维材料和活性纤维等吸附材料为核心过滤材料的过滤式呼吸防护用品。其中超细纤维材料用于过滤空气中的颗粒状物质，包括有毒有害气溶胶、活性炭、活性纤维等。其部件主要包括滤毒罐、滤毒盒、过滤元件，口罩与过滤部件有的直接相连，有的通过导气管连接，分别称为直接式防毒口罩和间接式防毒口罩。与防尘口罩相比，防毒口罩既可以滤除空气中大颗粒灰尘、气溶胶，同时对有害气体也具有一定的过滤作用。

过滤式防毒面具与防毒口罩具有相近的防护功能，既能防护大颗粒灰尘、气溶胶，又能防护有毒有害气体。它们的差别在于过滤式防毒面具滤除有毒有害气体、蒸气浓度范围更广，防护时间更长，更安全可靠。另外，从保护部位考虑，过滤式防毒面具具有除可以保护部位器官（口、鼻）外，同时还可以保护眼睛及面部皮肤免受有毒有害物质的直接伤害，且通常密合效果更好，具有更高和更安全的防护效能。

过滤式防毒面具适用的主要领域有化学工业、石油工业、军事、矿山、仓库、海港、科学研究院机构等。

3）过滤式火灾逃生面具。火灾逃生面具属于过滤式呼吸防护用品，它除了过滤粉尘、气溶胶和一般有害气体蒸气外，还具有滤除一氧化碳的功能。根据该类呼吸器的使用目的，为减少器材的质量，减少逃生人员在逃生过程中的体力消耗，方便携带、穿戴，增大其获救机会和可能，这类呼吸器主要有以下几个特点：有效时间一般为10～15 min，可确保提供足够的逃生时间，同时器材质量较轻，视觉效果明显，颜色鲜艳或带有可发光的荧光物质，便于被发现。

（3）隔绝式呼吸器

1）长管呼吸器。长管呼吸器即长管面具，又称供气式呼吸器，是一种使佩戴者呼吸器官与周围染毒环境隔离，依靠佩戴者的呼吸力或借助机械力，通过吸气软管引入清洁空气的呼吸防护装备，适用于长时间在缺氧，充满有毒有害气体、蒸气、有害气溶胶环境中进行的定岗作业或流动范围小的作业。它的突出特点是可以长时间甚至无限长时间地进行供气。

长管呼吸器一般由面罩、固定带和供气系统组成。根据工作原理，长管呼吸器分为洁净空气输入式和压气式。洁净空气输入式又分为自吸式和送风式；压气式分为恒流供气式、按需供气式和复合供气式等，具体见表 6—4。另外，根据供气设备的不同，又可分为移动（推车）式、固定（泵、压缩机）式。长管呼吸器佩戴示意图如图 6—7 所示。

表 6—4　　　　长管呼吸器种类

<table>
<tr><th colspan="2">呼吸气种类</th><th>面罩</th><th>其他主要部件</th></tr>
<tr><td rowspan="2">洁净空气输入式</td><td>自吸式</td><td>密合型</td><td>连接导管、软管（内径大于 18 mm，长度小于 10 mm）</td></tr>
<tr><td>送风式</td><td>密合型
开放型
送风头罩</td><td>连接导管、软管、流量调节器、电动或手动风机</td></tr>
<tr><td rowspan="3">压气式</td><td>恒流供气式</td><td>密合型
开放型
送风头罩</td><td>连接导管、中压软管、过滤器、流量调节器、气源（压缩空气或高压气瓶空气）</td></tr>
<tr><td>按需供气式</td><td>密合型</td><td>连接导管、中压软管、过滤器、供气阀、气源（压缩空气或高压气瓶空气）</td></tr>
<tr><td>复合供气式</td><td>密合型</td><td>连接导管、中压软管、过滤器、供气阀、气源（压缩空气或高压气瓶空气）、小型高压空气瓶及减压供气系统</td></tr>
</table>

a)　　b)　　c)　　d)

图 6—7　各种类型的长管呼吸器佩戴示意图

a）自吸式　b）送风式　c）恒流供气式　d）按需供气式

长管呼吸器使用的面罩包括密合型、开放型面罩和送风头罩。密合型面罩应与人体的面部或头部密合良好，无明显压痛感。

开放型面罩应能遮盖住眼、鼻和口，不影响头部、身体运动，气流入口处设分流装置，无呼气阀。面罩的眼眶部分应使用无色透明的材料制作，透光率不小于 85%，视物清晰，无畸变，应配有保明措施，固定系统应有足够的弹性和强度，零部件容易互换。

送风头罩应能遮盖头、眼、鼻、口至颈部（可与防护服选用），不影响头部、身体运动，气流入口处设有分流装置，设置呼气阀，为密合型。

在选择长管呼吸器时，应综合考虑有害化学品的性质，作业场所污染物可能达到的最高浓度、作业场所的氧含量、使用者的面型和环境条件等因素。在选用结构较为复杂的长管呼吸器时，为保障安全使用，佩戴前需要进行一定的专业训练。

使用长管呼吸器时，一是应注意空气的质量和导气软管的放置，防止导气管出现弯折，甚至打死节现象，以避免供气不畅，甚至中断，使佩戴者窒息，造成人员伤亡，采用波形导气管可以有效预防此种意外的发生。二是应注意检查吸气软管接头的连接牢固性，防止在使用时接头处因拖拽而脱落，导致人员中毒伤亡。三是应注意检查长管是否有破裂。

①自吸式长管呼吸器。自吸式长管呼吸器由全面罩、固定带、吸气软管、空气入口（或过滤器）和支架（或警示板）等组成。这种呼吸器是将导气管进气口端远离有毒有害气体污染的环境，固定于新鲜无污染的场所，另一端则与安全罩相连，依靠佩戴者自身的呼吸力为动力，将洁净空气通过呼吸软管吸入面罩呼吸区内供人员呼吸，人员呼出的气体通过排气阀排入环境中。在空气的入口处应设置可防止有害气体进入的低阻力过滤器。这是一种负压呼吸器，要求面罩和连接系统有良好的气密性，同时吸气软管长度不宜超过 10 mm，适用于毒物危害不太大的场合。

自吸式长管呼吸器的缺点之一是吸气阻力大，其吸气阻力随着吸气软管长度的增加而增大，二是眼窗镜片很容易被呼出的水汽模糊，造成视线不清，影响操作。

②送风式呼吸器。送风式呼吸器由面罩、固定带、流量调节器、吸气软管、过滤器和送风机等组成，根据动力来源可以分为电动送风和手动送风两种。这种呼吸器送风量可以根据使用者的要求进行调节，呼吸阻力很小，可以在面罩内形成微正压。防止有害气体漏入面罩内，佩戴舒适安全。紧急情况时无论送风机是否安全，应保障佩戴者呼吸。电动送风式呼吸器的特点是使用时间不受限制，供气量较大，可以同时供应 1～5 人使用，送风量依据人数和吸气软管长度而定。电动送风式呼吸器分为防爆型和非防爆型两种，非防爆型电动送风机不能用于有甲烷气体、液化石油及其他可燃气体浓度接近或超过爆炸极限的场所。手动送风式呼吸器不需要外接电源，其送风量与风机转数等因素相关。

③恒流供气式呼吸器。恒流供气式呼吸器由面罩、吸气软管、流量调节装置、腰带、过滤器、油水分离器和压缩气源等组成，是以压缩空气为气源，经过呼吸软管和流量调节装置，连续不断地向佩戴者提供可呼吸的空气，适用于缺氧和不立即危害人

体生命安全和健康的环境。使用这种呼吸器时，应对压缩空气进行净化处理，除去其中的油分和水分保障气源清洁、不缺氧。

④按需供气式呼吸器。按需供气式呼吸器由面罩、供气阀、连接接头、固定带、吸气软管和压缩气源等组成。这种呼吸器的特点是采用供气阀，根据佩戴者的需要来调节供气量。根据供气阀的类型可以分为正压式和负压式两种，根据气源类型可以分为移动式和固定式。

⑤复合型供气呼吸器。复合型供气呼吸器有两路供气气源，一路通过吸气长管供气，另一路为使用者可随身携带的小型高压气瓶。这种呼吸器具有比较高的使用可靠性，当长管气路由于某种原因发生供气故障时，可立即改由小型气瓶供气，确保使用者的生命安全。

2）氧气呼吸器。也称为氧气式防毒面具，以压缩气体钢瓶为气源，钢瓶中盛装压缩氧气。根据呼出气体是否排放到外界，可以分为开路式和闭路式氧气呼吸器两种。前者呼出气体直接经过呼气活门排放到外界，考虑到安全性原因，目前很少使用。根据呼吸过程中面罩内的压力与外界环境压力间的高低，可以分为正压式和负压式。

目前主要推广使用正压式，目前常用的 HYZ－2 型氧气呼吸器具体结构如图 6—8 所示。对于常见的闭路式氧气呼吸器，使用时，打开气瓶开关，氧气经过减压器、供气阀进入呼吸仓或气囊，再通过呼吸器软管、供气阀进入面罩内供人员呼吸。呼出的废气经过呼气阀、呼气软管进入清净罐，去除二氧化碳后也进入呼吸仓或气囊，与钢瓶提供的新鲜氧气混合供循环呼吸。由于二氧化碳的滤除过程中会发出热量，为保证呼吸者呼吸的舒适度，有些呼吸器在气路中设置有冷却罐、降温盒等气体降温装置。

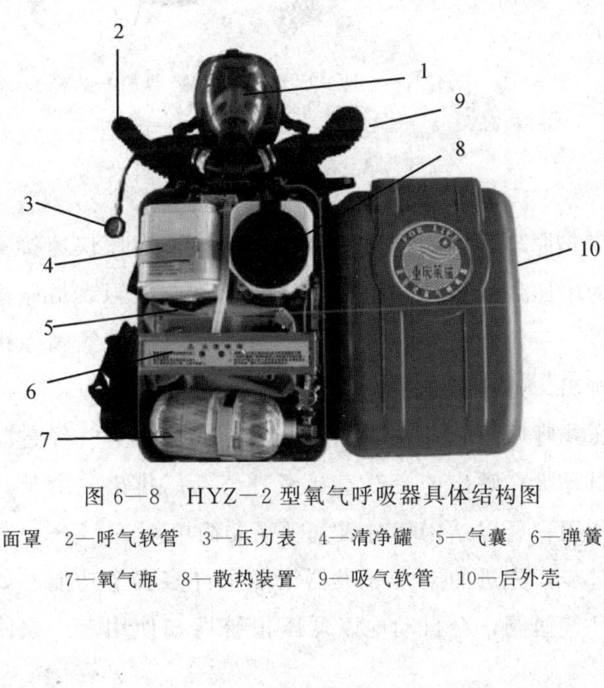

图 6—8 HYZ－2 型氧气呼吸器具体结构图

1—面罩 2—呼气软管 3—压力表 4—清净罐 5—气囊 6—弹簧压板

7—氧气瓶 8—散热装置 9—吸气软管 10—后外壳

氧气呼吸器是人员在严重污染、存在窒息性气体、毒气类型不明确或缺氧等恶劣条件下时常用的呼吸防护设备。主要应用领域包括矿山救护、抢险救灾、石化、冶金、航天、船舶、国防、核工业、城建、实验室、地铁、医疗卫生。

3）空气呼吸器。又称为储气式防毒面具，有时也称为消防面具。它以压缩气体钢瓶为气源，钢瓶中盛装气体为压缩空气。根据呼吸过程中面罩内的压力与外界环境压力间的高低，可以分为正压式和负压式两种。正压式在使用过程中面罩内始终保持正压，更加安全，故目前已经基本取代后者。

①空气呼吸器类别。空气呼吸器根据供气方式不同分为动力式和定量式。动力式是根据人员的呼吸需要提供所需要的空气，定量式是指在使用过程中按照一定的供气速度向佩戴者供给所需要的空气。目前常用的 RHZKF 正压式消防空气呼吸器基本结构如图 6—9 所示。

图 6—9　RHZKF 正压式消防空气呼吸器基本结构

1—全面罩　2—气瓶　3—气瓶固定带　4—压力管路

5—压力表　6—腰带　7—背板

②空气呼吸器工作原理。压缩空气的高压气瓶经过高压快速接头进入减压器，减压器将输入压力转为中压后经中压快速接头输入供气阀。当人员佩戴面罩后，吸气时供气阀将洁净空气以一定流量进入人员肺部；当呼气时，供气阀停止供气，呼出气体经过面罩呼气活门排出。这样形成了一个完整呼吸过程。

对于常见的正压式呼吸器，使用时，打开气瓶阀门，空气经过减压、供气阀、导气管进入面罩供人员呼吸；呼出的废气直接经呼气活门排出。由于其不需要对呼出废气进行处理和循环使用，所以结构相对氧气呼吸器简单。

随着技术不断进步，先进的空气呼吸器增加了许多安全功能。如果使用者在佩戴呼吸器后忘记了打开气瓶阀，会自动地以低压报警通知使用者。在使用末期，气压达到了底限压力时，则进行报警，以警告使用者预期的使用时间快要结束了。

空气呼吸器的工作时间一般为 30～360 min，根据呼吸器型号不同，防护时间的最高限值有所不同。总的来说空气呼吸器的防护时间比氧气呼吸器稍短。

空气呼吸器主要用于消防指战员及相关人员在处理火灾、有毒有害气体泄漏、烟雾、缺氧等恶劣作业现场进行火源侦察、灭火、救灾、抢险和支援。另外，也可以用于重工业、海运、民航、自来水厂和污水处理站、油气勘探与开发、石化工业、石油精炼、化学制品、环境保护、军事等领域及场合。

4）化学氧自救呼吸器

①化学氧自救器简介。化学氧自救器的工作原理是：佩戴者呼出气体中的水汽和二氧化碳与生氧剂（KO_2）发生化学反应，生成富氧气体供佩戴者往复呼吸使用。化学反应式：

$$KO_2 + H_2O \rightarrow KOH + O_2 + Q$$

$$KOH + CO_2 \rightarrow K_2CO_3 + H_2O + Q$$

其优点是：呼吸系统与外界环境空气隔绝，不受外界任何有毒、有害气体及烟雾的危害，因此适用于各种有毒、有害气体及缺氧环境。

其缺点是：采用闭式循环，加之化学反应过程产生大量热量，因此呼吸感觉不舒服。常见的 ZH－15 型化学氧自救器的外部结构示意图如图 6—10 所示。

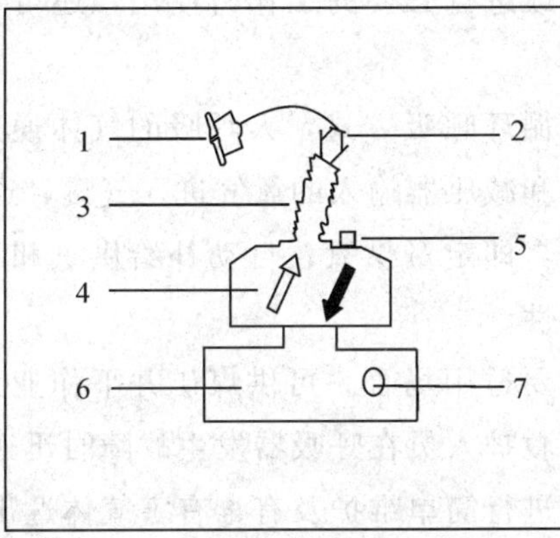

图 6—10　ZH－15 型化学氧自救器的外部结构示意图

1—鼻夹组　2—口具组　3—呼吸软管　4—药罐体

5—启动装置　6—气囊体　7—排气阀

②工作原理。化学氧自救器是利用化学药剂生氧的隔绝式自救器，呼吸气路为循环式闭路呼吸系统，佩戴人员呼出气体中的二氧化碳和水汽与生氧罐中的生氧剂发生化学反应，产生大量氧气进入气囊。吸气时气囊中的氧气经呼吸软管、口具进入人体，完成整个呼吸循环，实现个人呼吸的自我保护。当气囊中的氧气超过人体需要时，气

囊自身压力打开排气阀，自动排出多余气体，使气囊在正常压力下工作，保证呼吸的正常进行。启动装置可以弥补佩戴初期生氧量不足的状况。当佩戴者打开自救器把本体从外壳中取出时，拉动启动绳或顺时针扳动启动阀片，启动装置启动后促使生氧剂加速生氧，在 60 s 内使氧气充满气囊，供佩戴者呼吸需要。如启动装置没有启动或自救器不设启动装置时，可向气囊内猛吹 3～4 口气，生氧剂即可生氧。

③常用化学氧自救器佩戴使用操作步骤及方法。打开保护罩：迅速将自救器扭至腹前，左手按住下部外壳，右手拉开保护罩，露出红色扳手。开启封印条：左手按住下部外壳，用右手开启扳手，将封印条扳断并扔掉。去掉外壳：左手握住下外壳，右手将上外壳拔下扔掉，然后用右手拉住头带，用左手脱下外壳并扔掉。套头带：将有口具的一面贴身，把头带套在头上。整理气囊：将气囊展开。启动启动装置：左手握住自救器，右手拇指扳掀启动阀片，按顺时针方向转动启动阀片，启动装置启动生氧，氧气进入气囊。带口具：左手握住呼吸软管，用右手拔掉口具塞，将口具放入口中，口具片应放在唇齿之间，牙齿咬紧牙垫，紧闭嘴唇。戴上鼻夹：双手拉开鼻夹弹簧，用鼻夹准确地夹住鼻子，用嘴呼吸。戴上矿工帽：安全撤离灾区。

5）压缩氧自救呼吸器。它是为了防止有毒气体对人的侵害，利用压缩氧气供氧的隔离式自救器，是一种可以反复使用的自救器，每次使用后只需要更换新吸收二氧化碳的氢氧化钙吸收剂和重新充装氧气即可重复使用。它用于有毒有害气体环境或缺氧环境中的作业人员自救逃生或进行必要的工作时使用，还可以为压风自救系统的配套装备。

压缩氧自救呼吸器采用循环呼吸方式，人呼吸的气体通过二氧化碳吸收剂，把二氧化碳吸收，而余下的气体和减压器输入的氧气进入气囊，通过口具吸入人体。

一般具有三种供氧方式，即定量供氧、自动补给供氧和手动补给供氧，大大提高了呼吸保护装置的安全可靠性。

①压缩氧自救呼吸器主要适用场合。可供煤矿井下作业人员在发生瓦斯突出、火灾爆炸等灾害性事故，以及救护人员在呼吸器发生故障时迅速撤离灾区使用。

可供化工部门在对设备进行简单维护及有毒有害气体逸出时使用。

可供石油开采作业时，天然气及其他毒性气体大量突出时使用。

可装备在现代化高层建筑中，当发生灾害性火灾时，供遇难人员佩戴逃生和待救时使用。

也可供其他部门在有毒有害气体或缺氧环境中使用。

②压缩氧自救器结构。常见的 ZY－45 型压缩氧自救器结构图如图 6—11 所示。

③使用与操作。将佩戴的自救器移至身体的正前方，拉开自救器两侧的塑料挂钩并取下上盖，展开气囊。注意气囊不能扭折，把口具放入口中。口具片应放在唇和下齿之间，牙齿紧紧咬住牙垫，紧闭嘴唇，使之具有可靠的气密性，逆时针转动氧气瓶

图 6—11　压缩氧自救器结构图

1—供氧阀门　2—氧气瓶　3—二氧化碳吸收装置　4—鼻夹
5—外壳　6—口具　7—口具塞

开关手轮，打开氧气瓶开关（必须完全打开），然后用手指按动补气压板，使气囊迅速鼓起。把鼻夹弹簧扳开，将鼻垫准确地夹住鼻孔，用嘴呼吸。

使用中如果看见气囊在呼完气后仍不太鼓或吸气有憋气感时，应及时用手指按动补气压板向气囊补气，直至气囊鼓起；也可用力吸气，气囊吸瘪后，补气压板压迫补气杆，也会自动补气。

在使用过程中要养成经常观察压力表的习惯，以掌握耗氧情况及撤离灾区的时间。不要无故开启、磕碰及坐压自救器。

使用时保持沉着，在呼气和吸气时都要慢而深（即深呼吸）。口与自救器的距离不能过近，使自救器处在最佳状态，以免气囊内的呼气软管打折，呼气阻力增加。在使用过程的中后期，清净罐的温度略有上升是正常的，不必紧张。

使用中应特别注意防止利器刺伤、划伤气囊。在未达到安全地点时不要摘下自救器。在高温下使用自救器应遵守有关规定。

4. 听觉器官防护用品

一个好的听力防护用品，不论是耳塞还是耳罩都应符合以下技术要求：与耳部的密合要好；能有效地过滤噪声；佩戴时感觉舒适；使用起来简便；与其他防护用品（如安全帽、口罩、头盔等）能良好地配合使用；佩戴舒适，使用方便，外形美观，不影响通话，不遮掩危险声信号且经济耐用；必须经国家指定的监督检验部门进行检验，取得合格证后，方可批量生产。

（1）耳塞。耳塞是插入外耳道内，或置于外耳道口处的护耳器。其产品质量应符合国家标准的规定。

耳塞的种类按其声衰减性能分为防低、中、高频声耳塞和隔高频声耳塞。按使用材料分为纤维耳塞、塑料耳塞、泡沫塑料耳塞和硅橡胶耳塞。

（2）耳罩。这是由压紧每个耳廓或围住耳廓四周而紧贴在头上遮住耳道的壳体所组成的一种护耳器。耳罩壳体可用专门的头环、颈环或借助安全帽或其他设备上附着的器件而紧贴在头部，如图 6—12 所示。头环是用来连接两个耳罩壳体，具备一定夹紧力的佩戴器件；耳罩壳体是用来压紧每个耳廓或围住耳廓四周而遮住耳道的具有一定强度和声衰减作用的罩壳；耳垫是覆在耳罩壳体边缘上和人头接触的环状软垫。

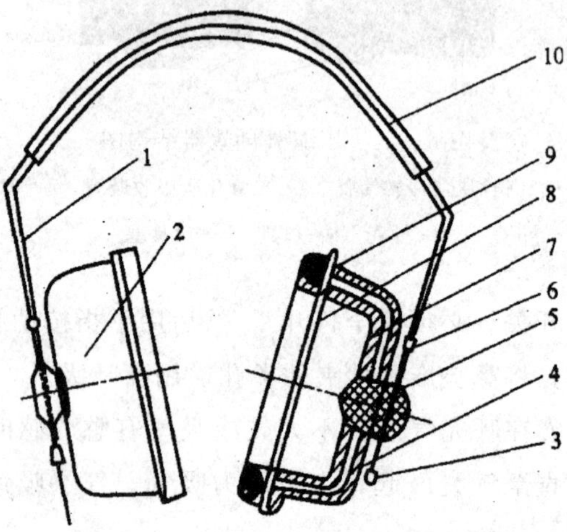

图 6—12　耳罩结构

1—头环　2、4—耳罩的左右外壳　3—小轴　5—橡胶塞

6—羊毛毡（吸声材料）　7—泡沫塑料（吸声材料）

8—垫板　9—密封垫圈　10—护带

（3）听力防护用品选择和使用要点。目前在耳塞类听力防护用品中，国际上较流行的是一种具有慢回弹性的泡沫制的耳塞，它具有携带存放方便、降噪效果好的优点，并且能适合不同人的耳道，佩戴时感觉舒适。耳罩类产品也向多样性发展，有的可以直接与安全帽配合使用，有的可防震，有的可折叠等。

各种耳塞在使用时，要先将耳廓向上提拉，使耳甲腔呈平直状态，然后手持耳塞柄，将耳塞帽体部分轻轻推向外耳道内，并尽可能地使耳塞体与耳甲腔相贴合。但不要用力过猛过急或插得太深，以自我感觉适度为止。耳塞戴后感到隔声不良时，可将耳塞稍微缓慢转动，调整到效果最佳位置为止。佩戴泡沫塑料耳塞时，应将圆柱体搓成锥形体后再塞入耳道，让塞体自行回弹充满耳道。佩戴硅橡胶自行成形的耳塞，应分清左右塞，不能弄错，放入耳道时，要将耳塞转动放正位置，使之紧贴耳甲腔内。

使用耳罩时，应先检查罩壳有无裂纹和漏气现象，佩戴时应注意罩壳的方向，顺着耳廓的形状戴好；佩带时应将连接弓架放在头顶适当位置，尽量使耳罩软垫圈与周围皮肤相互密合，如不合适时，应移动耳罩或弓架，调整到合适位置为止。

无论戴用耳罩还是耳塞，均应在进入有噪声车间前戴好，在噪声区不得随意摘下，以免伤害耳膜。如确需摘下，应在休息时或离开后，到安静处取出耳塞或摘下耳罩。耳塞或耳罩软垫用后需用肥皂、清水清洗干净，晾干后再收藏备用。橡胶制品应防热变形，同时撒上滑石粉贮存。

5. 躯体防护

在应急救援工作中，用于躯体防护的装备主要是各类型的防护服，包括化学防护服、隔热服、避火服等。另外，为了避免在易燃易爆气体泄漏场所，因操作人员身体摩擦产生静电引发火灾爆炸，因此，应急救援必须穿着用于避免产生静电火花的静电防护服。

防护服根据使用目的不同，可以分为静电防护服、化学防护服、隔热服、避火服等。化学防护服又可以根据使用环境不同，分为防酸、防碱、防辐射、抗油拒水等类型。

（1）防静电工作服

1）工作原理。防静电工作服是为了防止衣服的静电积聚，用防静电织物为面料而缝制的工作服。

防静电服装必须使用防静电织物，防静电织物是为了防止衣服的静电积聚，在加工时大致等间隙或均匀地混入导电纤维或防静电合成纤维或者两者混合交织而成。

导电纤维是全部或部分使用金属或有机物的导电材料或亚导电材料制成的纤维的统称。

2）防静电服装的穿用要求

①气体爆炸危险场所的 0 区、1 区且可燃物的最小点燃能量在 0.25 mJ 以下的区域应穿防静电服。

爆炸危险场所的分级原则是按照爆炸性物质出现的频度、持续时间和危险程度而划分为不同危险等级的区域。

爆炸性气体、易燃或可燃液体的蒸气和薄雾与空气混合形成爆炸性气体混合物的场所，按照它的危险程度分为三个区域等级。

0 级区域，是指设备正常启动、停止、正常运行和维修情况下，爆炸性气体混合物连续地、短时间频繁出现或长时间存在的场所。

1 级区域，是指设备正常启动、停止、正常运行和维修情况下，爆炸性气体混合物有可能出现的场所。

2 级区域，是指在设备的正常启动、停止、正常运行和维修情况下，爆炸性气体混合物不能出现，仅在有可能发生设备故障或误操作下偶尔短时间出现的场所。

②禁止在易燃易爆场所穿脱。

③禁止在防静电服上附加或佩戴任何金属物件。

④穿用防静电服装时，必须与符合相关规定的防静电鞋配套穿。

（2）防酸服。在从事生产、搬运、倾倒、调制酸碱，修理或清洗化学装置等职业活动中，如工作场所酸碱容器、管道发生故障或破裂，均有可能引起操作者因强酸、强碱、磷和氢氟酸等化学物质所致烧伤。

穿着适当的化学防护服，能够有效阻隔无机酸、碱溶剂等有害化学物质，使之不能与皮肤接触。就化工厂而言，虽然化工原料一般都是在管道和反应罐中封闭运行，但还应为接触化学物质可能性较大的人员如加料工、维修工等配备适当的防护服，这样一旦由于操作失误或发生泄漏，可以最大限度地保护操作人员的安全。

防酸服属于化学防护服中的一种，我国防酸工作服特指从事酸作业的人员穿用的具有防酸性能的服装，包括衣、裤、围裙、套袖、帽子等，按照工作场所不同，分为透气型和不透气型两大类，其使用工作场所、品种、使用的面料及缝合方式见表6—5。

表6—5　防酸工作服分类

类别	使用场所	款式品种	服装面料	接缝
透气型	中、轻度酸污染场所	分身式防酸工作服 连体式防酸工作服 大褂式防酸工作服	经防酸整理剂处理的透气型面料	耐酸线缝合
不透气型	严重酸污染场所	连体式防酸工作服 分身式防酸工作服	橡胶涂覆织物	胶粘 缝纫 胶条粘接
		防酸围裙 防酸套袖 防酸帽	聚氯乙烯塑料薄膜	

防酸工作服穿着注意事项如下：

防酸工作服必须与其他防护用品，包括护目镜、手套、鞋靴、面罩配合使用，才能为劳动者提供全面的防护。使用中的防酸工作服钩、扣等附件脱落必须及时补齐。平时穿着时各处钩、扣应扣严实，帽、上衣、裤子、手套、鞋靴等结合部位密闭严实，防止酸液渗入。带衣袋的工作服，应将兜盖盖严扣紧，防止积存酸液。穿用中应避免接触锐器，以防受到机械损伤。

6. 手足部防护用品

手（臂）的防护用品按防护部位分为防护手套和防护袖套两类。前者主要用来保护肘以下（主要是腕部以下）手部免受伤害。按其形状又可分为五指手套、三指手套、连指手套、直型手套和手型手套等。按使用特性可分为带电作业用绝缘手套、耐酸（碱）手套、焊工手套、橡胶耐油手套、χ射线手套、防水手套、防机械伤害手套、防震手套、防静电手套、防热辐射手套、电热手套、防微波手套和防切割手套等。后者是用以保护前臂或全臂免遭伤害的。按其使用特性可分为防辐射热袖套和防酸碱袖套。

足部防护用品主要为防护鞋，其中对应用场所危害因素较大的防护鞋统一称为特种防护鞋；对危害因素不显现的防护鞋统称为常规防护鞋。国家对特种防护鞋的生产、经营非常重视，建立了许可证制度，并强制要求按照相关规定执行。防护鞋按防护功能可分为工业用防护鞋、林业安全鞋、铸造及类似热作业用安全鞋、建筑等高处作业用安全鞋、搬运和修理工等工种用的安全鞋、采矿鞋等。

（1）手（臂）防护用品

1）带电作业用绝缘手套。这是作业人员在交流电压 10 kV 及以下电气设备（或相应电压等级的直流电气设备）上进行带电作业时，戴在手上起电气绝缘作用的一种绝缘手套。其产品型号、外形尺寸和技术要求应符合国标《带电作业用绝缘手套》（GB 17622—2008）的规定。该类手套按照在不同电压等级的电气设备上使用，又可分为 1、2、3 三种型号，其中 1 型用于 3 kV 及以下电气设备上工作，2 型用于 6 kV 及以下电气设备上工作，3 型用于 10 kV 及以下电气设备上工作。电绝缘手套的最重要技术要求是其绝缘特性。对 1 型，交流试验电压为 10 kV，最低耐受电压为 20 kV；对 2 型，交流试验电压为 20 kV，最低耐受电压为30 kV；对 3 型，交流试验电压为 30 kV，最低耐受电压为 40 kV。

2）耐酸碱手套。该类手套主要用来预防酸、碱等伤害手部，其质量应符合技术规范《耐酸（碱）手套》的规定。耐酸碱手套的主要技术性能是手套的不泄漏性和耐渗透性。前者要求手套在 10 kPa±1 kPa 压力下，不准有漏气现象发生。后者应进行耐渗透性试片试验和成品试验，并符合相应技术要求。

3）焊工手套。焊工手套是防御焊接时的高温、熔融金属和火花烧灼手的个人防护用具。其采用牛、猪绒革或二层革制成，按指型不同分为二指型（A）、三指型（B）和五指型（C）三种。焊工手套产品的技术性能应符合相关规定。

4）防静电手套。防静电手套是由含导电纤维的织料制成，另一种是用长纤维弹力腈纶编织手套，然后在手掌部分贴附聚氨酯树脂，或在指尖部分贴附聚氨树脂或手套表面有聚乙烯涂层。含导电纤维的手套使积累在手上的静电很快散失，而有聚氨酯或聚乙烯涂层的手套主要是不易产生尘埃和静电。这些产品主要用于弱电流、精密仪器的组装、产品检验、电子产业、印刷、各种研究机关的检验工作等。

5）耐高温阻燃手套。耐高温阻燃手套是用于冶炼炉或其他炉窑工种的一种保护手套。一种是用石棉为隔热层，外面衬以阻燃布制成手套；另一种是用阻燃的帆布为面料，中间衬以聚氨酯为隔热层；还有一种是手套表面喷涂金属，耐高温阻燃还能反射辐射热。手套有两指式和五指式两种，分大号、中号和小号三个规格，可供不同的人选用。

(2) 足部防护用品。足部防护主要指防护鞋，用皮革或其他材料制成，并在鞋的前端装有金属或非金属的内包头，可以承受一定的力量，能保护足趾免受外来物体打击伤害。按照国际标准 ISO 8782.1 的定义，只有鞋的前部能承受 200 J 能量的冲击才叫安全鞋，而承受冲击小于 100 J 能量的叫保护鞋。

防护鞋的结构和部件如图 6—13 所示，且有低帮、高腰、半筒和高筒等几种款式。在对防护鞋进行设计时，应根据人体足部的生理卫生学要求对鞋底、鞋帮、鞋后跟等进行正确设计。

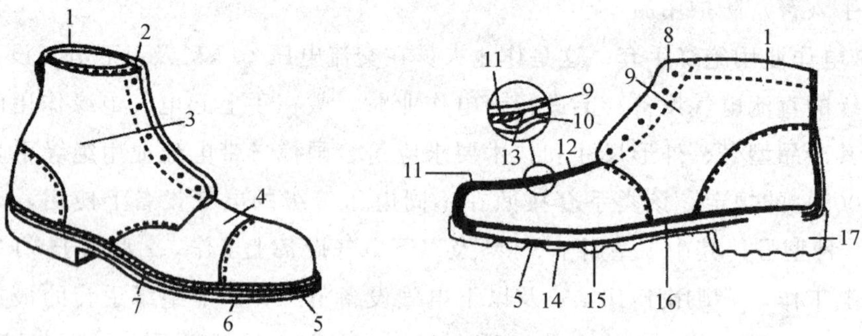

图 6—13　防护鞋的结构和部件

1— 鞋口　2—舌头　3—1/4 部分　4—补片　5—外底　6—中底　7—羽状线　8—护面
9—帮　10—衬里　11—内包头　12— 补片衬里　13—泡沫片　14—齿　15—防刺穿垫
16—内底　17—跟

防护鞋在鞋的耐压力、抗冲击力、内包头的耐压力和抗冲击性能等方面应符合有关安全技术规范要求。

防护鞋（靴）的类型较多，应根据不同的作业场所选用。

三、医疗急救装备

医疗急救装备是指对事故现场伤员进行现场急救、转移的专业工具，如救护车、担架、夹板、自动苏生器、急救包等工具。

1. 普通救护车

救护车对于人员抢救是必需的。一般的救护车都配有医生、护士等专业人员，并配有心脏起搏器、输液器、氧气袋等设备，也配有一些急救药品。可以对受伤人员进行紧急处理后，再转移到医院进行正规治疗。

2. ICU 救护车

ICU 救护车上的医疗配备就相当于一个小型的 ICU 病房和小型手术室。氧气、吸引器、心脏起搏器、呼吸机、全套监护器、药品器材、手术器械等应有尽有，万无一失。

在危险化学品事故发生时，第一时间内现场死亡人数是最多的。创建流动便携式ICU病房能有效降低危险化学品事故伤员的死亡率和伤残率。

（1）流动便携式ICU病房的设备配置及药品配置。流动便携式ICU病房的设备配置及药品配置应该根据任务的需求决定。

常用ICU急救设备有带自备电源的多功能除颤仪（包括除颤、心电监护、血氧饱和度、血压、心电图）、便携式呼吸机、便携式吸引器、快速气管通气器械、担架、手术器械包、被褥、氧气瓶、消毒物品箱、冰盒、液体箱、杂物箱。

另外还有急救箱、应急灯、血压计、敷料盒、棉球盒、供氧器、双头吸氧管、吸痰管、人工呼吸嘴（大、中、小）各1个、气管导管、手套、颈托、输液器、输血器、碘棉球、止血带等。

常备药品：肾上腺素、间羟胺、阿托品、山莨菪碱、利多卡因、尼可刹米（可拉明）、杜冷丁、安定、多巴胺、心律平、输氧康等。

（2）人员配置。根据任务的需要，有针对性地做好人员的配置，流动便携式ICU病房医疗救护队人员组成原则上由各个专业的专家组成，身体健康，应该是全天候的医疗救护队，一般为4～5人，人员精干。设队长1人，若针对创伤及局部战争的现场急救，则最好由经过ICU专业训练的外科专家担任，队员包括麻醉、内科、专业护理人员各1人。所有人员应该进行强化培训，达到一专多能。根据具体任务，在医疗救护直升机上配置经过ICU专门训练的普通外科专家1名、骨科专家1名、麻醉专家1名、心血管内科专家1名、专业护士1名。在医疗救护车配置经过ICU专门训练的脑外科专家1名、心血管外科专家1名、烧伤外科专家1名、骨科专家1名、专业护士1名。当然强有力的保障人员是必不可少的。

3. 担架

院前急救时，专业急救人员除在现场采取相应的急救措施外，还应尽快把伤员从发病现场搬至救护车，送到医院内，这个搬运过程必须使用担架，选择合适的担架对于提高院前抢救质量和水平也是至关重要的。

搬运、护送似乎很简单，是一个体力搬运和交通运输问题，似乎与医疗急救无密切的关系。事实却不然，搬运不当可以使危重伤员在现场的抢救前功尽弃。不少已被初步救治处理较好的伤员，往往在运送途中病情加重恶化了；有些伤员，因搬运困难现场耗时过多，而延误最佳抢救时间。于是，无论科技怎样进步，伤员从受伤现场的“点”到现代化的救护车、艇、飞机，乃至安全到达医院的运载过程中，都存在着现场“第一目击者”或急救人员运用适合的担架方便快捷地搬运伤员的问题，万万不可轻视搬运、护送中的每一个细节。人们现已逐步认识到救护搬运是现场急救的重要内容，是连接伤员能否获得全面有效救治过程的一个“链”。

（1）担架的种类。担架是运送伤员最常用的工具，担架的种类很多，目前常见的有升降担架、走轮担架、负压充气垫式固定担架、篮式担架、卷式担架，示意图如图6—14所示。

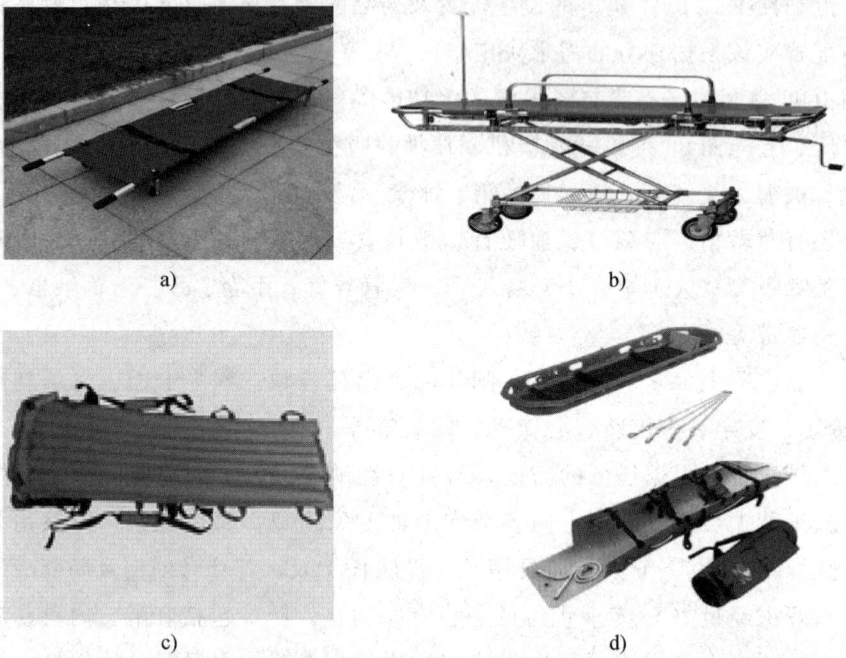

图6—14　各种担架示意图

a）升降担架　b）走轮担架　c）负压充气垫式固定担架　d）篮式担架和卷式担架

1）升降担架、走轮担架。为目前救护车内装备的担架，符合病情需求，便于病人与伤员躺卧。因担架自身质量较重，所以搬运时很辛苦。

2）铲式担架。铲式担架是由左右两片铝合金板组成。搬运伤员时，先将伤员放置在平卧位，固定颈部，然后分别将担架的左右两片铝合金板从伤员侧面插入背部，扣合后再搬运。

3）负压充气垫式固定担架。使用负压充气垫式固定担架是搬运多发骨折及脊柱损伤伤员的最好工具。充气垫可以适当地固定伤员的全身。使用时先将垫充气后铺平，将伤员放在垫内，抽出袋内空气，气垫即可变硬，同时伤员就被牢靠固定在其中，并可在搬运途中始终保持稳定。

4）篮式担架。也叫“船形担架”，市面上常见的为两种类型：铝合金型和合成树脂型。它造型与其名称相似，像一艘“小船”。搬运被困人员时，被困人员被置于担架内，担架在四周“凸起”边缘配合正面的扁带将被困人员“封闭”在担架内部。这样不会因担架的位移（如翻转、摇晃）而使被困人员脱离担架。在安全性的背后，也存在一些隐患。如被困人员过胖，且捆绑在其正面的扁带过紧加之操作时间过长，则容易引发被困人员胸闷、窒息。北美消防界将由于处置不当造成被困人员死于篮式担架内的情形称为“铁棺材”（早期篮式担架多为铝合金）。

5）卷式担架。也叫“多功能担架”，它与篮式担架在使用上相似，但质量更轻（8～12 kg）且可以卷缩在滚筒或背包中携带。它的原料是特种合成树脂，有抗腐蚀性，一般是橘黄色。

（2）救人担架的基本状态。担架的床面可按实际操作要求调节成前倾或后倾状态，床靠背采用可锁定式气动弹簧支撑，可在0°～60°范围内无级调节。配置前后固定架，将担架车安装在救护车上适当位置可锁定担架。

（3）上下担架要求

1）搬运者三人并排单腿跪在伤员身体一侧，同时分别把手臂伸入到伤员的肩背部、腹臀部、双下肢的下面，然后同时起立，始终使伤员的身体保持水平位置，不得使身体扭曲。三人同时迈步，并同时将伤员放在硬板担架上。发生或怀疑颈椎损伤者应再有一人专门负责牵引、固定头颈部，不得使伤员头颈部前屈后伸、左右摇摆或旋转。四人动作必须一致，同时平托起伤员，再同时放在硬板担架上。起立、行走、放下等搬运过程，要由1名医务人员指挥号令，统一动作。

2）搬运者亦可分别单腿跪在伤员两侧，一侧一人负责平托伤员的腰臀部，另一侧两人分别负责肩背部及双下肢，仍要使伤员身体始终保持水平位置，不得使身体扭曲。

4. 夹板

在事故中，如果伤者出现骨折或者可能出现骨折情况下，要对受伤害部位用夹板进行固定好，再进行搬运，避免伤势的恶化。夹板种类很多，包括高分子夹板、组合夹板、多功能夹板、四肢充气夹板、真空夹板等多种类型。

（1）高分子夹板。高分子夹板由高分子平面夹板塑性成柱面体，利用柱面体的静曲撑力来稳定受伤部位，从而达到固定效果。

（2）组合夹板。组合夹板是根据不同骨折固定要求，进行插式组合，灵活固定。

（3）多功能夹板。多功能夹板可多向调整角度，不需要加用其他夹板。夹板铰链可在单向上做任意旋转。X射线可完全穿透，拍片效果良好。

（4）四肢充气夹板。四肢充气夹板是通过充气进行工作的一种特殊夹板。可以用于骨折固定，也可以用来止血。

5. 自动苏生器

自动苏生器是一种自动进行正负压人工呼吸的急救装置，它适于抢救如胸部外伤、中毒、溺水、触电等原因造成的呼吸抑制或窒息的伤员。目前常用的ASZ—30型自动苏生器的构造和工作原理如图6—15所示。

（1）使用注意事项

1）操作本仪器的人员，必须经过专门的学习和训练。

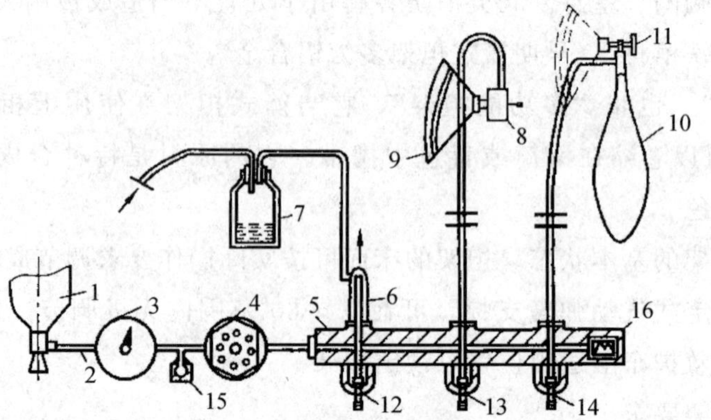

图 6—15 自动苏生器工作原理示意图

1—氧气瓶 2—氧气管 3—压力表 4—减压阀 5—配气阀 6—引射器 7—吸引瓶 8—自动肺 9—面罩 10—储气囊 11—呼吸阀 12、13、14—开关 15—逆止阀 16—安全阀

2）本仪器必须经常维护，使其符合技术标准要求，保持良好状态。

3）为取得良好的苏生效果，对伤员的检查处置工作和对苏生器的准备工作，必须尽快同时进行。

（2）对伤员进行检查和处置工作

1）检查伤员受伤情况和受伤程度（鉴别真死与假死等），如是气体中毒应查清中毒气体的种类。

2）安置伤员：将伤员置于新鲜空气处，解开紧身上衣，适当覆盖衣物，保持体温，肩部垫高 10～15 cm，头尽量后仰，面部转向任一侧，以利呼吸道畅通；对溺水者，应先使伤员俯卧，轻压背部，让水从气管及胃中倾出。

3）清理口腔：将开口器由伤员嘴角处插入前臼齿间，将口启开，用夹舌钳拉出舌头，用药布裹住食指清除口腔中的分泌物和异物。

4）清理喉腔：使用吸引装置清理喉腔，打开气路，从鼻腔插入吸引管，将吸引管在喉腔内往复移动，使喉腔内的污物、黏液、水等吸入吸引瓶内。

5）插口咽导气管：根据成人、中年人、儿童，选择插入大小适宜的口咽导气管，以防舌后坠使呼吸道梗阻，插好后将舌送回，防止伤员痉挛时咬伤舌头。

6）对苏生器的准备工作

①迅速安放好仪器，打开仪器盖子。

②理顺各条管路。

③连接好吸引装置。

④将呈抽气状态的自动肺、面罩、管路连接好。

⑤将自主呼吸阀、储气囊、管路连接好。

⑥打开仪器内的氧气瓶。

⑦苏生工作正常后，用高压连接管接好，并连接好备用氧气瓶，氧气压力不低于18 MPa。

（3）苏生器的使用

1）吸引瓶内污物过多时，可拔开吸引管，半堵引射器喷孔（防止压力过高，使吸引瓶爆炸），排出瓶内污物。

2）经检查确认伤员为假死，必须立即打开苏生器气路，将自动肺面罩压在伤员的面部，进行人工呼吸。

3）在开始使用自动肺进行人工呼吸时，操作者必须用手指轻压伤员喉头中部的环状软骨，借以闭塞食道，防止气体充入胃内。人工呼吸正常后方可停止压喉，并用头带将面罩固定。

4）使用自动肺进行人工呼吸时，面罩必须压紧伤员面部，防止因漏气而影响自动肺工作。

5）使用自动肺进行人工呼吸时，呼吸道不畅通，会使自动肺动作过快，此时可将伤员的下颌骨托起，以利呼吸道畅通，如仍无效时，应重新清除呼吸道内的堵塞物。

6）使用自动肺进行人工呼吸时，除由医务人员确认死亡（出现尸斑）外，要耐心进行工作，不准过早终止人工呼吸。

7）在使用自动肺进行人工呼吸过程中，发生伤员呕吐时，应及时清除呕吐物，然后继续进行人工呼吸。

8）在使用自动肺进行人工呼吸过程中，发生伤员严重痉挛时，必须及时对其进行处置（防止伤员咬伤舌头及损伤其他器官等），待不影响人工呼吸时，再恢复苏生工作。

9）使用自动肺进行人工呼吸时，应通过调整减压器和配气阀旋钮，调节伤员呼吸频率：成人12～16次/min，儿童30次/min。

10）对腐蚀性气体中毒的伤员，不准使用自动肺进行人工呼吸，只能使用呼吸阀进行氧吸入。

11）当伤员恢复自主呼吸后，可换用呼吸阀对其进行氧吸入，此时可取出口咽导气管，松开面罩的固定头带。

12）对一般伤员进行氧吸入时，呼吸阀上的氧含量调节环可调在80％，对一氧化碳中毒的伤员，氧含量调节环必须调在100％，并且吸氧工作不准过早终止。

13）本仪器使用后，必须用酒精、清水等对使用过的面罩、吸引装置、口咽导气管、自动肺、自主呼吸阀等零部件和工具进行消毒和清洗，并清理仪器内外的卫生，使之达到标准要求。

14）在保管、使用、携带本仪器时，禁止猛烈碰撞，防止损坏仪器和自动肺。

15）对消耗的氧气、零部件等，应及时补充齐全。

16）苏生器使用后，应及时检查维护，对自动肺应调整动作频率，使仪器符合技术标准要求，保持良好状态。

6. 急救包

急救包是装有急救药品及消过毒的纱布、绷带等的小包，在人们出现意外情况下应急使用的救援物品。根据不同的环境和不同的使用对象，可以分为不同的类别。如按使用对象不同可分为家用急救包、户外急救包、车用急救包、礼品急救包、地震急救包等。常用急救包示意图如图 6—16 所示。

图 6—16　急救包示意图

急救包中一般应该储存的药品、器械清单见表 6—6。

表 6—6　　急救包中储存的药品及器械清单

类别	名称	保质期	用途
消毒类	酒精消毒片	2 年	卫生消毒的必备品
	碘伏棉棒	2 年	擦伤、割伤等浅层皮肤的消毒
创伤贴类	创可贴	2 年	整齐、干净、出血不多的小伤口包扎
	蝶形创可贴	2 年	虎口、手肘、关节等处擦伤碰伤包扎
	自粘敷料贴	2 年	伤口隔离保护及医用导管固定等
安全防护类	清洁湿巾纸	2 年	用于手部、脸部等皮肤的清洁杀菌
	便携清洁皂片	3 年	替代香皂，遇水即溶，并完全溶解
	压缩毛巾	—	擦手、擦脸，对皮肤无刺激，柔软舒适
	防护口罩	2 年	过滤可见不可见对人体有害物质
	医用手套	2 年	保护伤员和使用者避免交叉感染
	人工呼吸面膜	2 年	用于心肺复苏，防止交叉接触感染
	急救毯	3 年	临时性急救，有效保持人的体温
	降温贴	2 年	退烧退热，使发热者物理降温
	消疲醒脑贴	2 年	解除疲劳、困乏、晕车、晕船、酒后头晕
	多功能手电筒、口哨	—	用于应急照明、声音呼救，保持体力
	瞌睡提醒器	—	戴于耳朵上，当瞌睡时发出声音警报
伤口处理类	伤口不粘垫	3 年	擦拭吸血和置于伤口上保护伤口
	三角绷带、三角巾	3 年	包扎多种大面积伤口，适用面最广
	弹性绷带	3 年	伤口包扎，配合伤口不粘垫使用

续表

类别	名称	保质期	用途
伤口处理类	安全别针	—	对绷带等起到固定包扎的作用
	速冷冰袋	2年	减轻扭、撞、拉、烧伤引起的疼痛瘀肿
	卡扣式止血带	3年	用于四肢出血等大伤口止血扎结
医疗器械类	医用胶布	3年	一般伤口及敷料的固定
	医用镊子	2年	用前消毒，清除伤口异物、夹取敷料
	医用剪刀	—	专业绷带剪，剪绷带和伤员衣领
	电子体温计	—	测量体温，用前建议对传感头消毒
其他	健康应急手册	—	应急器械使用和救援常识的普及
	紧急联系卡	—	记录持卡人的详细资料方便救助
	健康应急包	—	健康应急包外包，可肩背腰系
	产品清单	—	产品的配置清单
	干燥剂	—	防潮，不可食用
合计	共31类		

四、应急通信信息装备

快速、有效的通信，是事故应急救援的重要保障。许多工业生产如石油化工、矿山开采往往是气候条件恶劣、地理条件复杂的大漠、戈壁、山区、河湖等野外场所，涉及偏远无人的公路，也涉及繁华拥挤的城市街道。无论是在城区，还是在野外，出现险情，或发生事故之后，及时地通信报告与救援指挥，对于应急救援的及时性、准确性、高效性，都具有重要的保障作用。

根据国家安全生产应急平台体系的建设规划，应急通信以有线通信系统作为值守应急的基本通信手段，配备专用保密通信设备，以及电话调度、多路传真和数字录音等系统，确保国家安全生产应急救援指挥中心与各地区、各部门的安全生产应急管理与协调指挥机构之间联络畅通。利用卫星、蜂窝移动或集群等多种通信手段，实现事故现场与国家安全生产应急救援指挥中心、各省（区、市）、市（地）、各有关部门和中央企业应急平台间的视频、语音和数据等信息传输。

租用卫星信道，建立固定与移动相结合的卫星综合通信系统，卫星主站设在国家安全生产监督管理总局主机房，由国家安全生产监督管理总局承担对整个卫星通信系统的运行、管理、控制和维护。各省（区、市）、市（地）、各有关部门和中央企业的应急救援指挥机构要建立固定卫星站，配备车载式卫星小站的应急救援通信指挥车、便携式移动卫星信息采集和现场监测等设备，满足卫星通信、无线微波摄像、无线数据、IP电话及视频会议等功能要求，在实现现场各种通信系统之间互联互通的基础上，保证救援现场与异地应急平台间能够进行数据、语音（包括IP电话）和视频的实时、双向通信，除供现场应急指挥和处置决策时使用外，实现与国家安全生产应急救援指挥中心应急平台和其他相关应急平台的连接，实现并强化救援工作现场与应急平台的视频会商和协调指挥功能。

1. 应急通信信息装备种类

应急救援通信信息装备包括通信装备与信息处理装备两大类。

(1) 通信装备。通信装备包括有线、无线通信两大类。

1）有线通信装备。有线通信装备主要包括普通固定电话机、专用防爆电话机、有线视频对讲机、专用保密通信装备。

2）无线通信装备。无线通信装备主要包括普通对讲机、专用防爆对讲机、普通移动电话机、专用移动电话机；固定卫星站、移动卫星小站等。

(2) 信息处理装备。是指进行信息传输与处理的装备。主要包括多路传真和数字录音摄影、摄像装备；计算机、无线上网卡等。

2. 通信信息装备的功能与使用

有些通信信息装备是普通生活中就经常用到的，如电话机、传真机、计算机等。下面着重介绍一些专用通信信息装备。

(1) 防爆电话机。在许多行业的易燃易爆场所，因为存在易燃易爆气体、液体泄漏的可能性，如果电话不防爆，就可能成为火灾爆炸事故的促发剂。因此，在这种场所，必须使用防爆电话。

现在，防爆电话机的生产厂商已经很多，技术上也比较成熟。防爆电话机一般都是防隔爆兼本质安全型防爆电话机，在使用上，直接连到电话交换机即可，很方便。

(2) 无线防爆对讲机。无线对讲机是一种只需轻按一键，便可与一个或一组人通话的设备。对讲机是应急救援指挥中一个人与一组人联络所必备的工具，仅需一个呼叫，这个人便可以和组内的所有人通话，不论他们身在何处，对讲机也可与市话相连。无线对讲机从技术上已经很成熟，石油化工企业中使用的防爆对讲机，也有一些技术成熟的厂家生产。

无线对讲机具有许多优点：

1）节省成本。对讲机不同于移动电话，它不用根据通话时间计费。比较移动电话和双向对讲机的成本，用户会发现对讲机更经济实用。

2）对讲机不受网络限制。在网络未覆盖到的地方，对讲机可以让使用者轻松沟通。对讲机提供一对一、一对多的通话方式，一按就说，操作简单，令沟通更自由，尤其是在紧急调度和集体协作工作的情况下，这些特点是非常重要的。

3）通话距离远。常规对讲机的通话距离一般为3～5 km，但在有高大建筑物或高山阻挡的情况下，通话距离会相对短些。当有网络支持时，对讲机的通话范围可达几十千米。

4）申领方便。大众消费者也是可以买对讲机的，但以前购买和使用对讲机都必须向当地无线电管理委员会申请，领取电台执照并交纳频率占用费。从 2001 年 12 月 6 日起，我国开放民用对讲机市场，使用 400 MHz、发射功率 0.5 W 的民用对讲机，无须办理任何手续。

但是，为保证绝大多数用户通话不受干扰及合理地利用频率资源，国家无线电管理委员会对频率的使用进行了划分，规定不同的行业使用相应的频率范围。因此，在特殊情况下，用户在购买对讲机的时候，要向当地的无线电管理委员会申请频点。

5）无线对讲机能打电话。在有网络支持的条件下，对讲机可以用来打电话。但若只是单机之间的常规通话，就不能实现打电话的功能。

（3）井下通信装备。先进的井下通信系统对于井下安全具有重要的作用。

首先，能有效防止安全事故的发生。当井下某处发现塌方、瓦斯、透水等带有前兆时，通过先进的通信系统，可及时通知其他作业地点的工作人员迅速撤离危险区域，避免人身伤亡事故发生。

其次，能及时、有效地指挥组织救援工作，提高救援效率，防止事故的扩大。事故发生后，时间就是生命，救护人员早一分钟赶到现场，遇险者就多一分生存的希望。

煤矿井下通信系统现在开发得比较完备，有数字程控调度通信系统、模拟程控调度通信系统、综合式多媒体通信系统、程控交换机等多种类型。

1）数字程控调度通信系统特点

①抗干扰能力强。

②远距离传输仍能保证质量、适应各种通信业务要求（如电话、电报、图像、数据等）。

③保密性强，集成度高，有利于发展开发新业务、新功能。

④技术先进适应未来发展。

⑤可远端维护。

⑥扩容空间大。

⑦有调度功能。

⑧数字程控调度通信系统技术先进，性价比高。

2）模拟程控调度通信系统特点

①抗干扰能力差。

②组网能力差，不利于通信发展、新功能、新业务开发。

③功能满足煤矿调度需要。

④扩容空间可达 128 线。

⑤有调度功能。

模拟程控调度通信系统虽然是模拟交换机，但是，具有调度功能，能够满足煤矿井下等特种行业长距离通信。

3）综合式多媒体通信系统特点

①抗干扰能力强。

②远距离传输仍能保证质量、适应各种通信业务要求（如电话、电报、图像、数据等）。

③保密性强，集成度高，有利于发展开发新业务、新功能，技术先进。

④扩容空间可达256线。

⑤可用数字话机做调度台。

综合式多媒体通信系统技术先进，但是，它只是用户交换机，无调度功能。

4）程控交换机特点

①抗干扰能力差。

②传输距离短（1 km内保证通信质量）。

③组网能力差，不利于通信发展、新功能、新业务开发。

④扩容空间可达20线。

程控交换机属集团电话，传输距离短，不适合煤矿井下等特种行业长距离（>1 km）的通信。

（4）影像采集装备。影像采集对于应急救援信息的现场指挥、事后评价等提供重要的支持。传统上一般采用胶卷照相机、卡带摄像机，现在应用最广泛、处理速度最快、效果最好的是数码摄像机、数码照相机。

1）数码摄像机。数码摄像机是一种应用数字视频格式记录音频、视频数据的数码摄像机。提供了一次拍摄工具的重大革新，记录视频不再采用模拟信号，而是采用压缩的数字信号，制作方便、易学易懂。它的最大优势，一是大大提高了视频制作的速度，二是大幅度降低了视频制作的成本。

2）数码照相机。数码照相机是一种应用数字视频格式记录画面的数码照相机。随着数码照相机内存的增大，许多数码照相机也具有数码摄像机的摄像功能，但是摄像的时间短暂，镜头取景也往往大受限制。

3）数码摄像机、数码照相机的数据传送。数码照相机的数据传送只能在相机、电视、计算机进行观看，也可以洗成纸质相片。但不能进行实时数据传送。

数码摄像机可以通过数码摄像机、电视、电脑进行观看。其数据传送方式有两种，一种是有线传送，另一种是无线传送。

有线传送，即用专用数据传送线将数码摄像机与指挥部的电视、电脑等视频工具连接，前方摄取的画面可以随时传送到接收系统。

无线传送，即通过专用无线传送设备与摄像机连接，摄像机通过该专用传送设备实时传送到接收系统上，这样，大大增加了摄像机的机动性和应急救援的效率与效果。这种技术，由于成本较高，应用得还不广泛。

4）数码摄像机、数码照相机在应急救援中的应用。数码摄像机、数码照相机对应急救援工作具有十分广泛的应用价值，如对火灾、泄漏等事故现场可采集到真实动态的画面，并可实现有线、无线远程传输，这种对事故现场、抢险救援现场的实时监测，对辅助指挥决策具有非常直观、高效的作用。

在危机四伏的现场，必须严格控制人员的进入，避免不必要的伤亡。但是现场指挥员往往只有靠侦察人员的描述做出判断，指挥员做出抉择的依据是经过侦察员大脑过滤后的信息，而语言的描述不具备直观、形象的特点。前方侦察员如果有数码摄像机的协助，就可以使指挥部更加全面直观地掌握事故中心的实际情况。数码摄像机小巧便携、操作简单，非专业摄像人员只需要通过简单的学习就可以掌握使用方法，这就使数码摄像机在事故处置中有了极大的用武之地。

例如，某化工厂发生爆炸，现场残存 200 多 t 乳化炸药和硝酸铵等原材料。由于在处理过程中仍然存在爆炸危险，只有少量必需的工作人员留在爆炸中心区，其余人员全部撤离到安全区域。救援人员将数码摄像机架设在爆炸中心的开阔处，通过有线传输的方式将信号传送到位于安全区域的移动通信指挥车。现场指挥部只需要在指挥车通过观看实时视频，就可与前方抢险人员取得联系，指挥搜救排险工作，使得应急救援过程中次生伤害的概率与严重程度大大降低。

随着我国经济实力的进一步提高，数码摄像机成本的降低，数码摄像机必将在应急救援工作中发挥越来越大的作用。

3. 无线微波摄像监控系统

众所周知，在厂区、山区、江河、湖泊、沙漠等场所，对生产现场、事故现场实现全方位的远程安全视频监控，如果采用传统方式埋设光缆、架空线路来传输远程视频监控信号，一方面造价极高、工程量大、不利于维护管理，另一方面也会带来某些隐患，如火灾。而采用远程无线数字微波技术，就可以大大地减少工程量，大大提高了信息采集速度。

远程数字微波无线监控系统，要在各个监控要点架设远程数字微波调整监控摄像镜头，通过无线微波将模拟视频、音频信号转换为数字信号，传输到远程监控中心。采用高倍、高速一体化彩转黑超低照度球机，可观察方圆 10 km 内的人员、车辆活动情况。

通过远程无线数字微波将各个景点的监控视频、音频信号传至中央控制室，监控观测各监控点的实时动态图像，从而做出实时判断决策，来防止监控区内突发事件的发生或对已发生的突发事件进行及时的处理，做到及时准确，减少损失。

该系统具有以下优点：

（1）中央监控控制预警系统将会发出报警指令，实时录制现场情况，实时将现场实况传输到接收电视，并自动报警。

（2）数字微波无线远程监控系统可以使用控制键盘对每台远程图像集中监控主机进行完全控制，包括参数设置、录像回放、录像查询、云台镜头控制等。远程监控点可以使用 PC 上的键盘或后端译码矩阵控制键盘进行画面监控、云台镜头控制、录像查询、文件下载等。

（3）网络监视和回放。远程图像集中监控系列产品的网络传输，是不同画面分别打包传输的。因此无论网络监视还是网络录像回放，每个信道都可以获得优良画质。

（4）远程图像集中监控系统可显示操作的历史记录，包括系统设置、录像、回放、备份、远程访问及控制等详细数据，开机关机、进入设置菜单、回放录像、停止录像、网络访问有密码限定，有助于安全保卫工作。

数字微波传输比模拟微波传输方式具有很大的优越性。在微波信道方面，无线微波摄像机的信号传输分为模拟与数字两种传输方式。就模拟微波而言，由于它对多路反射信号的影响非常敏感，一般无法在室内如音乐厅及演播室等使用。在室外转播中使用模拟微波，当运动拍摄时，为了得到较好的信号接收效果，通常采用定向跟踪，这样就得配备有经验的天线操作员。此外，模拟微波受环境影响信号衰减较大，摄像机很难在人群等场合拍摄，信号质量会时好时坏，甚至会出现信号中断的现象。

近年来，人们将数字电视地面传输（DVB－T）技术引入无线摄像，采用 COFDM 调制技术很好地解决了移动传输中的多径干扰问题。数字微波可以使用全向发射天线，在接收端可利用多个天线进行分集接收，在其有效的覆盖范围内信号质量将保持不变。这种利用数字传输技术的无线微波摄像系统，既可以在室外应用，又可以在室内应用，而且在运动拍摄时也免去了烦琐的天线跟踪。

五、其他应急救援常用装备

1. 堵漏器材

抢险救援过程中，面对一些危险物质泄漏的情形，都要用到紧急堵漏器材。这些堵漏器材，有些是通用型的，如捆绑带、磁压铁、密封枪等，而有些是专用型的，如针对某个阀门、某条管线所做的密封模具。因此，一般而言，许多消防队伍只能配备一些通用性的堵漏材料，一些特殊性的堵漏器材，只能在相应的车间、分厂、工段等基层生产单位作为工程抢险装备备用。

2. 洗消器材

洗消器材主要是对染有毒剂、放射性物质、生物战剂的人员、武器装备、服装、地面及工事进行消毒和消除沾染所用器材的统称。

（1）洗消任务。洗消任务主要是对人员的洗消。人员的洗消分为人体消毒和毒物消除。

1）人体洗消。人员皮肤染毒在撤出危险区域后应立即进行消毒处理。我国对化学事故中毒人员进行抢救时，经常采取脱掉伤员衣服，用酒精或清水先进行消毒，再进行医疗处理的方法，这种方法对大多数中毒者都适用。但对于染毒较深，症状严重的受伤者达不到彻底消毒的目的。因为如果染毒时间较长，毒剂已经深入皮肤，单靠表面洗消，是无法将毒剂全部洗掉的。对于这种受害者，应采用针对毒剂类型配置的专用消毒液和生成物。对于进入现场的消防特勤人员，由于配备了相应的防护服，在完成任务后，直接清洗皮肤即可。如不慎受到了化学品的灼伤，可用随车配备的敌腐特灵溶剂及时进行消毒。

2）毒物消除。人员受到放射性等有毒有害物沾染，则要通过消除的方法进行洗消，消除分全部消除和局部消除。现在通用的是全部消除，即利用淋浴装置进行全身各部位的消除。消除时在专门设置的人员洗消场内进行，用热水、肥皂或洗涤剂等清洗全身，将沾染在皮肤表面的放射性物质除去。消除时按照手、头、颈、躯干的顺序进行。

（2）常见的洗消器材种类

1）洗消车辆。如淋浴车、喷洒车、洗消车和消毒车等，可对人员、武器装备和地面进行洗消。

2）轻便洗消器。如背囊式消毒器，坦克、车辆洗消器，以及消毒包和消毒盒等。坦克、车辆洗消器主要用于对大型武器装备进行消毒，消毒包和消毒盒供人员对皮肤、服装和轻武器进行消毒。

3）高压清洗机。是一种军民两用的洗消器材，既可供防化专业分队对武器装备、被服、装具等军需品进行消毒，又可用于清洗地面和墙壁等。

（3）洗消方法的选择

1）应根据有毒有害物质的性质及状态选择洗消方法。如对毒性大且又较持久的油状液体毒物，一般应用氧化氯化消毒剂或碱性消毒剂消毒。消毒后还要用大量的清水冲洗；对气体毒物，一般不做专门消毒，但可以对污染区暂时封闭，依靠自然条件如日晒、通风等使毒气逸散消失，对高浓度染毒区，则可以喷洒一些雾化消毒剂溶液，加速消毒。

2）根据染毒物品、设施性质及染毒程度选择洗消方法。如对染毒金属、水泥结构生产设施，可喷洒消毒剂实施消毒，对精密仪器、设备可用有机溶剂擦拭，但无论使用哪种洗消剂和洗消方法，都要遵循既要消毒及时、彻底有效，又要尽最大可能不损坏污染物品，尽快恢复其使用价值的原则。

3）需要特别注意的是，对参与化学事故救援的消防车辆及其他车辆、装备、器材也必须进行消毒处理。否则会成为扩散源头。对参与抢险救援的人员除必须对其穿戴的防化服和使用的防毒设施、检测仪器、设备进行消毒外，还必须彻底地淋浴冲洗躯体、皮肤，并注意观察身体状况，进行健康检查。

3. 井下救援钻机

当矿井发生水淹或塌方，事故人员被困没有其他逃生方法，或是其他救援方法会拖延时间，不能及时挽救生命时，先进的救援钻机就会发挥极大作用。

(1) 救援钻机的功能。救援钻机的第一功能是在井下发生透水、塌方等事故作业人员被困的情况下进行救人。

救人作业的一般程序：首先进行精确定位，使用钻机打一个直径一般为 165 mm 的探孔来确定被困人员的位置，使用井下观察扫描头、气体抽样检验设备等装备对工作面进行分析，并通过此孔向被困人员提供空气、食物、水、通信联络等基本服务。

一旦确定了被困人员的位置，立即钻一个大直径一般为 635 mm 或 560 mm 的孔，通过该孔使用救援密封舱把被困在井下的人员提升上来。同时还可以加大孔径，通过表土层以便在钻孔的土质不稳定部分安装围壁。

救援钻机不仅可以用来救人，还可以井下注浆封堵水源，实现快速恢复生产，以及从地面布置钻孔进行直接灭火。

(2) 救援钻机的使用。救援钻机的选用必须重点考虑以下因素：

1) 钻进速度。先进的救援钻机要充分考虑地质条件的复杂性，特别是在岩层情况下的钻进速度，如果不考虑硬质岩层情况下的钻进速度，那么一旦遇到这种情况，就会大大降低救援效率。

2) 防爆要求。在煤矿等矿山井下，许多时候都有防火防爆的要求，因此，选用钻孔时，特别是在井下易燃易爆环境中作业，钻机必须从钻机材料、动力提供等方面满足作业场所防火防爆要求，如避免产生摩擦火花、冲击火花、静电火花、电气火花等引起瓦斯爆炸。

3) 作业空间。许多情况下，不仅需要从地表钻孔，还要在井下狭窄空间进行钻进作业，因此，要充分考虑可能的作业条件进行钻机选择，不能重视地面钻孔的配备，而忽视了井下作业空间的钻机配备。

4. 大型排水设备

当煤矿发生了透水、人员被困事故后，必须迅速将水排出，否则，被困人员将无法生活。要迅速排水，就必须使用大功率抽水机。大功率抽水机的功率一般超过 1 000 kW、流量超过 1 000 m^3/h、扬程数百米。

在很多情况下需要多台抽水机同时使用，以尽可能缩短排水时间。

5. 水上救生设备

水上救生装备主要包括冲锋舟、救生艇、救生衣、救生筏、救生圈、抛绳枪、应急灯等种类。每类产品又有多种小类，譬如救生衣，有气胀救生衣、普通救生衣等。

复习思考题

1. 简述应急救援装备数量和质量要求。
2. 简述应急救援主要的消防器材及其使用方法。
3. 简述个体防护的分类方法。
4. 简述常用的医疗急救设备。

技能实训六：常见急救装置的使用

实训项目一 灭火器的使用

一、实训目标

1. 要求学生掌握常见灭火器的使用方法。
2. 要求学生掌握不同种类灭火器应用范围。

二、任务描述

选好实训使用的灭火器（包括泡沫灭火器、干粉灭火器、二氧化碳灭火器等），首先讲解各种灭火器的使用场所和使用要领，然后演示其操作，要求每个学生掌握常用灭火器的使用方法。

三、任务准备

1. 准备完好的若干灭火器（包括泡沫灭火器、干粉灭火器、二氧化碳灭火器等）、引燃物料和引燃源。
2. 操作前进行各种灭火器理论和使用要点知识讲解。

四、知识要点

1. 各种灭火器工作原理。
2. 各种灭火器使用场所。
3. 各种灭火器使用方法。

五、实训过程

1. 在实训室集合，由指导教师讲解实训要求和任务布置。
2. 由指导教师进行各种灭火器操作演示。
3. 要求每个学生进行实际操作实践。
4. 教师现场解答指导、答疑。
5. 实训指导总结。

六、注意事项

实训过程一定要按照教师要求进行，爱护实训设备，有疑问必须及时提出。

七、总结与思考

1. 扑灭油类火灾可以使用哪些灭火器？

2. 灭火器一般配置在哪些地方？

实训项目二　氧气呼吸器的使用

一、实训目标

1. 要求学生掌握氧气呼吸器结构、工作方法。

2. 要求学生能够熟练使用氧气呼吸器。

二、任务描述

选好实训的氧气呼吸器，打开后了解其内部结构，要求学生熟悉其中各个构件，然后演示其操作，要求每个学生正确佩戴氧气呼吸器，掌握它的使用方法。

三、任务准备

1. 准备完好的氧气呼吸器若干，实验桌若干。

2. 要求学生提前熟悉氧气呼吸器理论知识。

四、知识要点

1. 氧气呼吸器结构。

2. 氧气呼吸器工作原理。

3. 氧气呼吸器佩戴程序。

五、实训过程

1. 在实训室集合由指导教师讲解实训要求和布置。

2. 由指导教师进行氧气呼吸器结构原理讲解和操作演示。

3. 要求每个学生进行正确操作实践。

4. 教师现场解答指导、答疑。

5. 实训指导总结。

六、注意事项

实训过程一定要按照教师要求进行，爱护实训设备，有疑问必须及时提出。

七、总结与思考

1. 正压氧气呼吸器如何保持正压？

2. 正压氧气呼吸器与负压氧气呼吸器相比有哪些优点？

实训项目三　自动苏生器的使用

一、实训目标

1. 要求学生掌握自动苏生器结构、工作方法。

2. 要求学生能够熟练使用自动苏生器。

二、任务描述

选好实训的自动苏生器，打开详细了解其内部结构，要求学生熟悉其中各个构件，然后演示其操作，要求每个学生实际操作自动苏生器，掌握它的使用方法。

三、任务准备

1. 准备完好的自动苏生器若干，实验桌若干。

2. 要求学生提前熟悉自动苏生器理论知识。

四、知识要点

1. 自动苏生器结构。

2. 自动苏生器工作原理。

3. 自动苏生器佩戴程序。

五、实训过程

1. 在实训室集合，由指导教师讲解实训要求和任务布置。

2. 由指导教师进行自动苏生器结构原理讲解和操作演示。

3. 要求每个学生进行正确操作实践。

4. 教师现场解答指导、答疑。

5. 实训指导总结。

六、注意事项

实训过程一定要按照教师要求进行，爱护实训设备，有疑问必须及时提出。

七、总结与思考

1. 自动苏生器能完成的三大基本功能是什么？

2. 自动苏生器使用要点有哪些？

第七章

事故避灾自救与现场急救知识

本章学习目标

1. 知识目标

熟悉各种事故避灾自救基本知识。

2. 技能目标

能够根据事故性质的不同，进行科学合理的避灾自救，掌握心肺复苏、止血包扎、骨折固定等基本急救技能，掌握典型事故急救技能。

第一节　避灾自救

一、避灾自救原则

1. 迅速报警，及时求救

事故发生后要迅速报警求救，不能拖延不报，更不允许隐瞒谎报。

2. 确保安全，迅速施救

要在确保自身安全的前提下，展开救援工作，不提倡盲目施救。

3. 保持冷静，客观分析

事故发生后，不要惊慌失措，要弄清事故的类型和性质，采取正确的避险方法。

4. 正确使用避险资源

发生事故后要利用好一切可以利用的避险资源，包括各种防护设备设施、消防器材、避险硐室、急救药品等。

5. 服从指挥，科学逃生

按照事先应急预案要求，服从相关人员的统一协调指挥，针对不同的事故采取正确的逃生方法。

二、避灾自救基本要求

首先要求现场人员熟悉各种不同性质事故特点和规律，因为不同的事故避险自救方法不同。

在确保自身安全的前提下，积极抢险救灾，因为事故发生以后，如果现场人员能够采取正确措施，往往可以把事故消灭在萌芽状态，减少更大损失的产生，更大限度地挽救他人的生命。如果确实无法处理，必须依据事故性质类型及时撤离。

要熟悉避灾路线，不同事故采取的避灾路线可能不同，需要认真分析，如果避灾路线遇阻，就近寻找避灾硐室或设施，等待救援，不要盲目逃生。

节约用电、水和食物，事故发生后如果随身携带照明设施，应该节约用电，不要随意开启。如果几个人一起逃生，可以轮流使用照明设施。另外，应急资源水和食物的使用一定要有计划，尽可能延长使用时间。

熟悉应急设备设施存放位置和使用方法。一般事故现场附近都有必要的应急设备，要熟悉这些设备的存放位置和数量，事故发生时要充分利用。另外，必须掌握应急设施器材的使用方法。

要求现场人员熟悉事故应急预案，生产经营单位对于相应事故，都有对应的应急预案，特别是现场预案必须熟悉，在事故发生后按照预案要求进行避险自救。

第二节　典型事故避灾自救措施

一、火灾爆炸事故避灾自救措施

如果现场有火灾或爆炸事故发生，应立即电话报警求助，报警时，要讲清楚失火处的地址或地理位置及周围明显标志。并说明起火部位、面积大小、燃烧物质、有无人员被困等情况。同时，要派人到路口迎候、引导救援队伍到达现场。

火灾爆炸事故发生的可能地点繁多，但主要的逃生方法有类似之处，下面以建筑火灾爆炸事故逃生为例，介绍主要的逃生方法。

1. 火灾或爆炸事故主要逃生方法

（1）利用门窗逃生。在火场受困时，大多数人采用这个办法。利用门窗逃生的前提条件是火势不大，还没有蔓延到整个单元区域，同时受困者较熟悉燃烧区内的通道情况。具体方法：把被子、毛毯或褥子用水淋湿裹住身体，俯身冲出受困区。或者将绳索一端系于窗户横框（或室内其他固定构件上，无绳索可把床单或窗帘撕成布条代替），另一端系于两腋和腹部，沿窗放至地面或下层的窗口，然后沿绳索滑下。

（2）利用阳台逃生。如果火势较大，无法利用门窗逃生时可利用阳台逃生。如果是高层建筑从第七层开始每层相邻单元的阳台相互连通，在此类楼层中受困，可拆破阳台间的分隔物，从阳台进入另一单元，再进入疏散通道逃生。如果楼道走廊已被浓烟充满无法通过时，可紧闭与阳台相通的门窗，站在阳台上避难。

（3）利用空间逃生。在室内空间较大而火灾不大时可利用这种方法，其具体做法：（卫生间、厨房都可以，室内有水源最佳）把可燃物清除干净，同时清除与此室相连的室内可燃物，消除明火对门窗的威胁，然后紧闭与燃烧区相通的门窗，防止烟和有毒气体的进入，等待火势熄灭或消防部门的救援。

（4）善用通道，勿入电梯。客用电梯在火灾时是禁止使用的，由于其封闭不严，容易成为烟火蔓延的主要通道。为避免伤亡，决不要乘坐电梯，应选择消防楼梯和消防电梯，疏散到安全地带。

（5）不入险地，不恋财物。不要浪费时间去穿衣物或搜寻值钱的东西。时间宝贵，生命重要，没有什么东西值得拿生命去冒险。千万记住，既已逃出决不重返火场险地。

（6）保持镇静，迅速撤离。面对浓烟和烈火，要强令自己保持镇静。当火势不大时，要尽量往楼层下面跑。若通道被烟火封阻，则应背向烟火方向离开，逃到天台、阳台处。

（7）发出信号，等待救援。在逃生无门的情况下，努力争取救援不失为上策，被困者要尽量待在阳台、窗口等易于被人发现和能避免烟火近身的地方，及时发出求救信号，引起救援人员的注意。在将要失去知觉前应努力滚到墙边，以便消防人员寻找、营救，因为消防人员进入室内都是沿着墙壁摸索前进的。

（8）简易防护，不可缺少。家庭、单位、酒店应备有防烟面罩，以便逃生时使用。必要时可用最简单的方法，如用毛巾、口罩蒙鼻，用水浇身，匍匐前进。因为烟气较空气轻而飘于上部，贴近地面逃离是避免烟气吸入的最佳方法。

（9）缓降逃生，滑绳自救。高层建筑应备有高空缓降器或救生绳，以便火灾时人员通过这些设施安全离开危险楼层。必要时也可用窗帘、衣服等连接成简单救生绳，并用水打湿，从窗台或阳台沿绳缓滑到下面楼层。

（10）争分夺秒，扑灭小火。当发生火灾时，如果火势不大，应奋力将小火扑灭。千万不要惊慌失措，置小火于不顾而酿成大灾。

（11）大火袭来，固守待援。大火袭近时，假如用手摸到房门已感烫手，此时开门，火焰和浓烟将扑面而来。这时，一定要关紧门窗，用湿毛巾、湿布塞堵门缝，或用水浸湿棉被，蒙上门窗，防止烟火侵入，等待救援人员到来。不要盲目冒险跳楼。

2. 身上着火时如何灭火自救

火灾发生时，如果身上着火，千万不要惊慌失措、东奔西跑或胡乱拍打。因为奔跑时形成的小风会使火烧得更旺，同时跑动还会把火种带到别处，引燃周围的可燃物；胡乱拍打，往往顾前顾不了后，在痛苦难熬中，一旦支持不住，就会造成严重烧伤，甚至丧失生命。所以，一旦不幸身上着火，首先应该设法脱掉衣帽。如果来不及脱掉，可以把衣服撕破扔掉。若这都来不及做，可以在没有燃烧物的地方倒在地上打滚，将身上的火苗压灭；如果有其他人在场，可用麻袋、毯子等把着火人的身体包裹起来，就能使火熄灭；或向着了火的人身上浇水，或帮着将烧着的衣服撕下来，但切记不可用灭火器直接向着了火的人身上喷射，以免其中的药剂引起烧伤者的伤口感染。

如果火场周围有水缸、水池、河沟，可以取水浇灭，不要直接跳入水中。因为虽然这样可以尽快灭火，但对后来的烧伤治疗不利。同样，头发和脸部被烧着时，不要用手胡拍乱打，这样会擦伤表皮，不利于治疗，应该用浸湿的毛巾或其他浸湿物去拍打。

二、毒物泄漏事故避灾自救措施

经过大量事故案例可以得出，凡是特大重大化学事故，多数是因为有毒有害气体的意外泄漏。毒物的意外泄漏可能导致产生有毒气体、爆炸产生的超压冲击波和火灾的连锁反应，对广大人民群众生命安全带来很大威胁，尽管如此，如果人们能够熟悉化学物质的毒性和危险性，判断泄漏量和蒸发范围，掌握事故现场的气象、地形、风力速度和扩散范围，果断采取正确的逃生方法，就可以有效逃生自救，避免和减少人员伤亡。

毒物泄漏事故危害的避灾自救方法主要包括以下方面：

1. 呼吸防护

有毒有害气体主要从呼吸道进入导致中毒，那么控制毒物对生命和健康产生影响的浓度和对人类和动物的最低致死浓度显得特别重要。具体措施包括，在防护条件下实施关闭阀门或堵漏手段，启动事故应急通信设备，及时排除或降低现场毒物浓度，为逃生创造机会，立即用湿毛巾或多层纱布捂住口鼻，迅速撤至安全地区，带上防毒口罩或面具效果更佳，如毒气浓度高或缺氧状态时，必须使用自给式正压呼吸器，以保证供氧，并与外界毒物完全隔离，接触腐蚀性刺激性气体，应撤至安全区，呼吸新鲜空气。如果同时污染眼睛和皮肤，则用大量流动水彻底冲洗污染部位，冲洗时间约 15 min，以终止化学灼伤和吸收中毒；逃生过程中救助他人时，应注意加强自我保护，才能免除无谓的牺牲，达到救人目的。

2. 疏散防护

应判明化学物质泄漏的地点、毒气飘逸的方向，如殃及自身安全时，立即向安全地域疏散。毒物在空气中扩散时，一般从发生地点顺风向下风向由小面积到大面积呈喇叭形扩散，浓度由高到低变化。

正确的疏散方向应该选择从自身位置向侧风方向（即与风向垂直方向）撤离，可以使自己用最短时间逃出有毒有害气体危害区域，减少滞留时间和减轻伤害程度。当身处源点时可向侧风向或侧上风向转移，在离开源点较远后采取上风向疏散，也是不可取的，因为这样一则需要较长时间，二则距离发生地点越近毒物浓度越高，因此侧风向转移为正确方法；采取就地躲避、上风向或下风向疏散均为错误选择。事故发生地点周边人群的疏散距离十分重要，原则要求处于相对安全，又不能无限扩大。不同的紧急隔离半径和下风向防备距离，可以参考《职业卫生与应急救援》杂志推荐的美国、加拿大和墨西哥联合编制的ERG 2004中的数据，具有简明、快速、实用的优点。

3. 隐蔽防护

许多有害有毒气体具有易燃易爆的特性，在毒物泄漏时会混合爆炸，产生超压冲击波，6.9～13.4 kPa（1～2 pis）时房屋会被破坏，16.5～84.1 kPa（2.4～12.2 pis）时90%户外人员耳朵骨膜破裂，当事故初期出现泄漏气体“尖叫”声，设备摇晃不止时，要警惕爆炸先兆，附近人员应该利用地形地物或坚固建筑物就近隐蔽防护，方法是背向爆心卧倒、头夹于两臂之间、双手交叉胸下、两腿并拢夹紧、双肘前伸支起、闭嘴闭眼憋气、胸部离开地面、重点保护头部。

4. 火场逃生

有毒有害气体泄漏常伴有大火，人们在防毒时候也要学会防火，毒物泄漏时火灾逃生要点有：保持冷静，积极互救自救；选择几个不同的疏散路线，安全有序疏散，不可强行拥挤；火势不大时披上浸湿的衣服或毛毯、湿被褥冲出火场；浓烟中要尽量躬身低姿进行，并用湿毛巾、纱布等捂住口鼻；不要盲目跳楼，可以利用绳子或将床单、被套撕成布条结绳，紧拴在门窗框或重物上顺势而下，也可以充分利用天窗、阳台、水落管或竹子等逃生自救，若逃生线路被火封锁，立即退回室内，关闭门窗，堵住缝隙，向门窗浇水；高层失火可以到楼顶呼救或发出求救信号，如果身上着火千万不要奔跑，要就地打滚压灭身上火苗。这些可以参考上面火灾爆炸事故的避灾自救措施。

三、矿山事故避灾自救措施

1. 瓦斯爆炸事故的避灾自救措施

（1）防止瓦斯爆炸时遭受伤害的措施。井下人员一旦遇到或发现瓦斯爆炸预兆时，要沉着、冷静，采取措施进行自救。具体方法是：背向空气颤动的方向，俯卧倒地，面部贴在地面，以降低身体高度，避开冲击波的强力冲击，并憋气暂停呼吸，尽量减少肉体暴露面积，以减少烧伤。爆炸后要按规定迅速佩戴自救器，弄清楚方向，沿着避灾路线赶快撤退到新鲜风流中，若巷道破坏严重，不知撤退是否安全时可以到支护较完整的地方躲避等待救护。

（2）掘进工作面瓦斯爆炸后矿工的避灾自救措施。如果发生小型爆炸，掘进巷道和支架基本未遭破坏，遇险矿工未受直接伤害或受伤不重时，应立即打开随身携带的自救器，佩戴好后迅速撤出受灾巷道到新鲜风流中。对于附近的伤员协助其佩戴好自救器，帮助撤出危险区；不能行走的伤员，在靠新鲜风流 30～50 m 范围内，要设法抬运到新鲜风流处，如距离远，则只能为其佩戴自救器。撤出灾区后，要立即向矿调度室报告。

如发生大型爆炸，掘进巷道遭到破坏，退路被阻，但遇险矿工受伤不重时，应佩戴好自救器，千方百计疏通巷道。尽快撤到新鲜风流中，如巷道难以疏通，应坐在支护好的棚子下面，或等待救助，并有规律地发出呼救信号。对于受伤严重的矿工要为其佩戴好自救器，使其静卧待救，并且要利用压风管道、风筒等改善避难地点生存条件。

（3）采煤工作面瓦斯爆炸后矿工的避灾自救措施。如果进风巷道没有垮落堵死，通风系统破坏不大，所产生的有害气体较易被排除。这种情况下，采煤工作面进风侧的人员一般不会受到严重伤害，应迅速撤出灾区。回风侧的人员要迅速佩戴好自救器经最近的路线进入进风侧。如果爆炸造成严重的塌落冒顶，通风系统被破坏，爆源的进回风侧都会聚积大量的一氧化碳和其他有害气体，该范围所有的人员都有发生一氧化碳中毒的可能。为此，在爆炸后没有受到严重伤害的人员，要立即打开自救器佩戴好。如果冒顶严重撤不出来，首先要把自救器佩戴好，并协助重伤员在较安全地点待救；附近有独头巷道时也可以进入暂避，并尽可能用木料、风筒等设立临时避难场所，并把矿灯、衣物等明显的标识物，挂在避难场所外面明显的地方，然后进入室内静卧待救。

2. 煤与瓦斯突出时的避灾自救措施

（1）发现突出预兆后现场人员的避灾措施

1）矿工在采煤工作面发现突出预兆时，要以最快的速度通知人员迅速向进风侧撤离，撤离中迅速打开隔离式自救器并佩戴好，迎着新鲜风流继续外撤。如果距离新鲜风流太远时，应首先到避难所，或利用压风自救系统自救。

2）掘进工作面发现煤与瓦斯突出预兆时，必须向外迅速撤至防突反向风门之外，之后把防突风门关好，然后继续外撤。如果自救器发生故障或佩戴自救器不能安全到达新鲜风流时，应在撤出途中到避难所或利用压风自救系统进行自救，等待救护队援救。

（2）发生突出事故后现场人员的避难措施。在有煤与瓦斯突出危险的矿井，矿工要把自己的隔离式自救器带在身上，一旦发生煤与瓦斯突出事故，立即打开外壳戴好迅速外撤。矿工在撤退途中，如果撤退路线被堵或自救器有效时间不够，可到矿井设置的井下避难所或压风自救装置处暂避，也可寻找有压缩空气管路的巷道、硐室躲避，这时要把管子的螺钉接头卸开，形成正压通风，延长避难时间，并设法与外界保持联系。

3. 矿井火灾事故的避灾自救措施

(1) 要尽最大的可能迅速了解或判明事故的性质、地点范围和事故区域的巷道情况、通风系统、风流及火灾烟气蔓延的速度、方向及与自己所处巷道位置之间的关系，并根据应急预案及现场实际情况，确定撤退路线和避灾的方向。

(2) 撤退时任何人无论在任何情况下都不要惊慌、不能狂奔乱跑。应在现场负责人及有经验的老工人带领下有组织地撤退。

(3) 位于进风侧的人员，应迎着新鲜风流撤退。

(4) 位于火源回风侧的人员或是撤退途中遇到烟气有中毒危险时，应迅速戴好自救器，尽快通过捷径绕到新鲜风流中去或在烟气没有到达之前，顺着风流尽快从回风口撤到安全地点；如果火源较近而且越过火源没有危险时，也可以迅速穿过火区撤到火源的进风侧。

(5) 如果在自救器有效作用时间内不能安全撤出时，应在储存备用自救器的硐室换用自救器后再进行撤退，或是寻找有压风管路系统的地点，以压缩空气供呼吸之用。

(6) 撤退行动既要迅速果断，又要快而不乱。撤退中应靠巷道有连通出口的一侧进行，避免错过脱离危险区的机会，同时还要随时注意观察巷道和风流的变化情况，谨防火风压可能造成的风流逆转。人与人之间要互相照应，互相帮助，团结友爱。

(7) 如果无论是逆风或顺风撤退，都无法躲避着火巷道或火灾烟气可能造成的危害，则应迅速进入避难硐室；没有避难硐室时应在烟气袭来之前，选择合适的地点就地利用现场条件，快速构筑临时避难硐室，进行避灾自救。

(8) 逆烟撤退具有很大的危险性，在一般情况下不要这样做。除非是在附近有脱离危险区的通道口，而且又有脱离危险区的把握时，或只有逆风烟撤退才有争取生存的希望时，才采取这种撤退方法。

(9) 撤退途中，如果有平行并列巷道或交叉巷道时，应靠有平行并列巷道和交叉巷口的一侧撤退，并随时注意这些出口的位置，尽快寻找脱险出路，在烟雾大、视线不清的情况下要摸着巷道壁前进以免错过连通出口。

(10) 当烟雾在巷道里流动时，一般巷道空间的上部烟雾浓度大、温度高、能见度低，对人的危害也严重，而靠近巷道底板情况要好一些，有时巷道底板部还有比较新鲜的低温空气流动。为此在有烟雾的巷道撤退时，在烟雾不严重的情况下，即使为了加快速度也不应直立奔跑，而应尽量躬身弯腰，低着头快速前进。如烟雾大、视线不清或温度高时，则应尽量贴着底板和巷壁，摸着铁道或管道等爬行撤退。

（11）在高浓度烟的巷道撤退还应注意利用巷道内的水，浸湿毛巾、衣物或向身体淋水等办法降温，或利用随身物件等遮挡头部以防高温烟气的刺激等。

（12）在撤退过程中当发现有爆炸的前兆时（当爆炸发生时，巷道内的风流会有短暂的停顿颤动，应当注意的是这与火风压可能引起的风流逆转的前兆有些相似）有可能的话要立即避开爆炸的正面巷道，进入旁侧巷道，或进入巷道内的躲避硐室；如果情况紧急，应迅速背向爆炸源，靠巷道的一帮就地顺着巷道趴卧，面部朝下紧贴巷道底板、用双臂护住头面并尽量减少皮肤的外露部分；如果巷道内有水坑或水沟，侧顺式趴入水中，防止吸入爆炸火焰及高温有害气体，同时要以最快的动作戴好自救器。爆炸后，观察片刻，待没有变化迹象，就要辨明情况和方向，沿着安全避灾路线，尽快离开灾区，转入新鲜风流的安全地带。

4. *矿井透水事故时自救与互救*

（1）透水后现场人员撤退时的注意事项

1）透水后，应在可能的情况下迅速观察和判断透水的地点、水源、涌水量、发生原因、危害程度等情况，根据应急预案规定的撤退路线，迅速撤退到透水地点以上的水平，而不能进入透水点附近及下方独头巷道。

2）前进中，应靠近巷道一侧抓牢支架或其他固定物体，尽量避开压力水头和泄水流，并注意防止被水中滚动的矸石和木料撞伤。

3）如透水破坏了巷道中的照明和路标，迷失行进方向时，遇险人员应朝着有风流通过的上山巷道方向撤退。

4）在撤退沿途和所经过的巷道交叉口，应留设指示行动方向的明显标志，以提示救护人员的注意。

5）人员撤退到竖井，需从梯子间上去时，应遵守秩序禁止慌乱和争抢，行动中手要抓牢，脚要蹬稳，切实注意自己和他人的安全。

6）如唯一的出口被水封堵无法撤退时，应有组织地在独头工作面躲避，等待救护人员的营救。严禁盲目潜水逃生冒险行为。

（2）透水后被围困时的避灾自救措施

1）当现场人员被涌水围困无法退出时，应迅速进入预先筑好的避难硐室中避灾，或选择合适地点快速建筑临时避难硐室避灾。迫不得已时，可爬上巷道中高冒空间待救。如系老窑透水，则需在避难硐室处建临时挡墙或吊挂风帘，防止被涌出的有毒有害气体伤害。进入避难硐室前，应在硐室外留设明显标志。

2）在避灾期间，遇险矿工要有良好的精神心理状态，情绪安定、自信乐观、意志坚强。做好长期避灾的准备，除轮流担任岗哨观察水情的人员外，其余的人员均应静卧，以减少体力和空气消耗。

3）避灾时，敲击的方法要有规律、间断发出呼救信号，向营救人员指示躲避处的位置。

4）被困期间断绝食物后，即使在饥饿难忍的情况下，也应努力克制自己，绝不嚼食杂物充饥。需要饮用井下水时，应选择适宜的水源，并用纱布或衣服过滤。

5）长时间被困在井下，发觉救护人员到来营救时，避灾人员不可过度兴奋和慌乱，以防发生意外。

5. 冒顶事故时的避灾自救措施

（1）采煤工作面冒顶时的避灾自救措施

1）迅速撤退到安全地点，当发现工作地点有即将发生冒顶的征兆，而当时又难以采取措施防止采煤工作面顶板冒落时，最好的避灾措施是迅速离开危险区，撤退到安全地点。

2）遇险时要靠煤帮贴身站立或到木垛处避灾。从采煤工作面发生冒顶的实际情况来看，顶板沿煤壁冒落是很少见的，因此当发生冒顶来不及撤退到安全地点时，遇险者应靠煤帮贴身站立避灾，但要注意煤壁片帮伤人。另外，冒顶时还可能将支柱压断或推倒，但在一般情况下不可能压垮或推倒质量合格的木垛，因此，如遇险者所在位置靠近木垛时，可撤至木垛避灾。

3）遇险后立即发出呼救信号。冒顶对人员的伤害主要是砸伤、掩埋或隔堵。冒落基本稳定后，遇险人员应立即采用呼叫、敲打（如敲打物料、岩块，可能造成新的冒落时，则不能敲打，只能呼叫）等方法，发出有规律、不间断的呼救信号，以便救护人员和撤出人员了解灾情组织力量进行抢救。

4）遇险人员要积极配合外部营救工作。冒顶后被煤矸、物料等埋压的人员，不要惊慌失措，在条件不允许时切忌采用猛烈挣扎的办法脱险，以免造成事故扩大。被冒顶隔堵的人员，应在遇险地点有组织地维护好自身安全，构筑脱险通道，配合外部的营救工作，为提前脱险创造良好条件。

（2）独头巷道迎头冒顶被困人员避灾自救措施

1）遇险人员要正视已发生的灾害，切忌惊慌失措，坚信矿领导和同志们一定会积极抢救。应迅速组织起来，主动听从灾区中班组长和有经验老工人的指挥。团结协作，尽量减少体力和隔离区的氧气消耗，有计划地使用饮水、食物和矿灯。做好较长时间避灾准备。

2）如人员被困地点有电话，应立即用电话汇报灾情、遇险人数和计划采取的避灾措施；否则，应采取敲击钢轨、管道和岩石等方法，发出有规律的呼救信号，以便了解灾情，组织力量抢救。

3）维护加固冒落地点和人员躲避处的支架，并经常派人检查，以防止冒顶进一步扩大，保障被堵人员避灾时的安全。

4）如人员被困地点有压风管，应打开压风管给被困人员输送新鲜空气，并稀释被隔堵空间的瓦斯浓度，但要注意保暖。

第三节　现场急救

一、现场急救原则与程序

1. 现场急救的原则

（1）先复苏后固定。即伤员既有心跳呼吸骤停，又有骨折时，应当首先实施心肺复苏术，进行人工呼吸和胸外心脏按压。

（2）先止血后包扎。为防止伤员血液大量流失，应当先采取指压法或止血带止血，再按科学方法包扎伤口。

（3）先重伤后轻伤。这是指先抢救心跳呼吸骤停、窒息、大出血、开放性及张力性气胸、休克等重伤员，再进行其他轻伤处理。

（4）先救治后运送。受伤后 12 h 是最佳急救期。

（5）急救与呼救并重。在实施急救之前，应当拨打急救电话，并陈述清楚简要的情况。

2. 现场急救的基本程序

（1）迅速判断事故现场的基本情况。在意外伤害、突发事件的现场，面对危重伤员，作为“第一目击者”首先要评估现场情况，通过实地感受，眼睛观察、耳朵听声、鼻子闻味来对异常情况做出初步的快速判断。

1）现场巡视：

①注意现场是否对救护者或伤员造成伤害。

②引起伤害的原因，受伤人数，是否仍有生命危险。

③现场可以利用的人力和物力资源以及需要何种支援、采取的救护行动等，必须在数秒内完成。

2）判断病情。现场巡视后，针对复杂现场，需首先处理威胁生命的情况，检查伤员的意识、气道、呼吸、循环体征、瞳孔反应等，发现异常，须立即救护并及时呼救或尽快护送到附近急救的医疗部门。

（2）呼救

1）向附近人群高声呼救。

2）拨打相应急救电话：

①电话中应说明伤员人数、大概伤情及本人的姓名、身份、联系方式。

②发现伤员所在的确切地点，尽可能指出附近街道的显著标志。

③伤员目前最危重的情况，如昏倒、呼吸困难、大出血等。

④现场已采取的救护措施，如止血、心肺复苏等。

注意：不要先放下话筒，要等救援医疗服务系统调度人员先挂断电话。急救部门根据呼救电话的内容，应迅速派出急救力量，及时赶到现场。

（3）排除事故现场潜在危险，帮助受困人员脱离危险。

（4）交通事故需保护事故现场。在事故现场周围放置三角形警告标识，指派专人指挥交通。将出事汽车引擎关闭，拉紧手刹，并用石块固定车轮。禁止用火或抽烟。即使夜间，也只能凭手电筒或车灯处理事故现场。一般不随意把伤员移出事故现场，但若伤员处于潜在危险之中或伤情急迫，应迅速施救，伤员出事位置要做标记。巡查四周有无被撞击而抛出车外的人，若有，应妥善处置。切勿接触有电流、电线的车辆及物体。小心保管伤员的财物，清点登记，并找旁证人签字。

（5）伤情检查及伤员分类

1）伤情检查。要有整体观，切勿被局部伤口迷惑，首先要查出危及生命和可能致残的危重伤员。

①生命体征。判断意识——呼唤伤员，轻拍其肩部，10 s 内无任何反应可视为昏迷。如表情淡漠、反应迟钝、不合情理的烦躁都预示伤情严重。

对意识不清者不要随便翻动，以免加重未被发现的脊柱或四肢骨折。

判断脉搏——触摸颈动脉，判断心跳是否存在，是否变得快而弱（小儿触摸肱动脉）。

正常脉搏应为 60～100 次/min，搏动清晰有力。

判断呼吸——观察伤员有无呼吸困难、气道阻塞及呼吸停止。

正常呼吸为 16～20 次/min，均匀平稳。

②出血情况。伤口大量出血是伤情加重或致死的重要原因，现场应尽快发现大出血的部位。

若伤员有面色苍白、脉搏快而弱、四肢冰凉等大失血的现象，却没有明显的伤口，应警惕为内出血。

③是否有骨折。

④皮肤及软组织损伤。皮肤表面出现瘀血、血肿等。

2）伤员分类

①濒死伤员——黑色标志。脑、心、肺等重要脏器严重受损，意识完全丧失，呼吸心跳停止的伤员。

②危重伤员——红色标志。多脏器损伤，多处骨折或广泛的软组织损伤，生命体征出现紊乱者，是现场抢救运送的重点，如开放性气胸、颅脑损伤、大面积烧伤等。

③中度伤员——黄色标志。损伤部位局限，生命体征平稳，但失去避灾自救能力，是仅次于红色标志需救治者，如单纯性四肢骨折。

④轻伤员——绿色标志。损伤轻微，伤口表浅，生命体征正常，具有避灾自救能力者，可在处理完红、黄标志伤员后再处理，如软组织挫伤、擦伤等。

二、现场徒手心肺复苏术

现场徒手心肺复苏术指一些意外伤害或急重伤员在未到达医院前得到及时有效的急救措施。有关资料统计，人类猝死87.7%发生在医院以外，没有医护人员参与抢救。猝死人员有35%～40%如经现场及时进行心肺复苏，可以挽救生命。

1. 引起心跳呼吸骤停的原因

心肺复苏（CPR）的定义：心跳、呼吸骤停的急救，简称心肺复苏，主要包括人工呼吸和胸外按压。引起心跳呼吸骤停的原因很多，可发生在任何环境下的突然事件中；另一部分原因是伤员的病情突然恶化。甚至可能发生在医疗单位检查和治疗中。主要表现在以下方面。

（1）突然的意外事件：如触电、溺水、自缢、严重创伤、烧伤。

（2）急性中毒：常见的有天然气、石油液化气、一氧化碳、有机磷农药、药物和部分金属中毒等。

（3）心血管疾病：如急性心肌梗死、心绞痛、严重的心律失常、各种心肌疾病等。

（4）严重代谢紊乱：如酸中毒、高血钾症、低血钾症、脱水等。

（5）严重感染和休克：如败血症、过敏性休克、出血性休克等。

2. 心搏骤停的严重后果

（1）10 s——意识丧失，突然倒地。

（2）30 s——全身抽搐。

（3）60 s——自主呼吸逐渐停止。

（4）3 min——开始出现脑水肿。

（5）6 min——开始出现脑细胞死亡。

（6）8 min——“脑死亡”“植物状态”。

3. 心肺复苏的原则

（1）立即进行（15～30 s内）。

（2）就地抢救。

（3）人工呼吸和胸外心脏按压同步进行。

4. 心肺复苏简易三步骤

在心肺复苏前必须进行现场危险评估，然后按照“一叫二吹三压”的主要步骤进行，如图 7—1 所示。

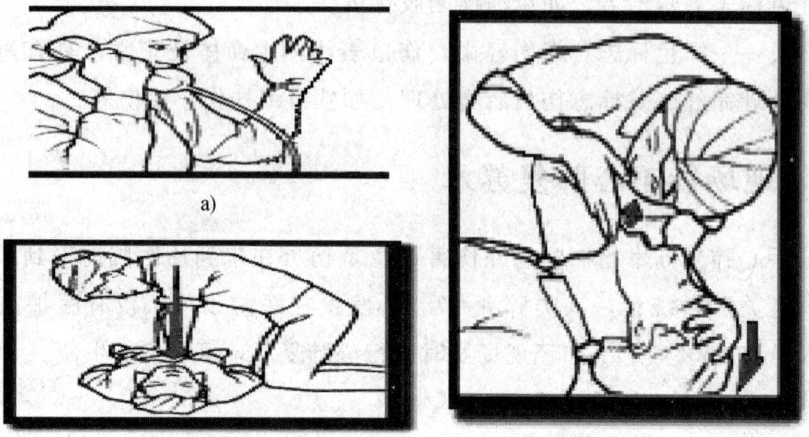

a)　　b)　　c)

图 7—1　心肺复苏简易三步骤示意图

a）一叫　b）二吹　c）三压

在现场救助伤者，首要的问题是评估现场是否有潜在的危险。如有危险，应尽可能解除。例如，在交通事故现场设置路障，在火灾现场需防止房屋倒塌砸伤。还要注意到意外事故的成因，防止继发意外事故。

（1）判断意识，寻求帮助。判断患者有无意识与反应，如图 7—2 所示轻拍患者肩部，并高声呼叫："喂！你怎么啦?"患者如无反应，立即拨打急救电话 120，及时启动 EMS 系统（院前急救医疗服务系统）。如现场只有一名抢救者，应同时高声呼救、寻求旁人帮助。《国际心肺复苏及心血管急救指南》建议，如发现患者无反应，应立即打电话，启动 EMS；但对于溺水、创伤、药物中毒者，先进行徒手 CPR（心肺复苏），1 min 后，再打急救电话求救。

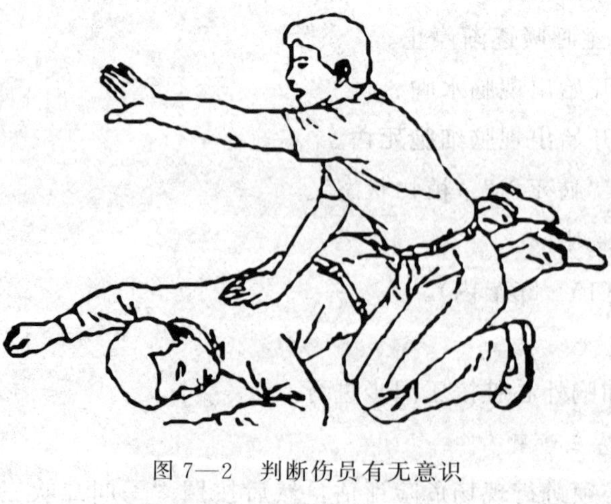

图 7—2　判断伤员有无意识

（2）检查呼吸（一看，二听，三感觉）。将脸颊靠近伤者口鼻，距离大约 3 cm。

1）观察：胸腹起伏。

2）聆听：呼吸声。

3）感觉：呼吸气流，如伤病者没有呼吸，立即进行人工呼吸。示意图如图 7—3 所示。

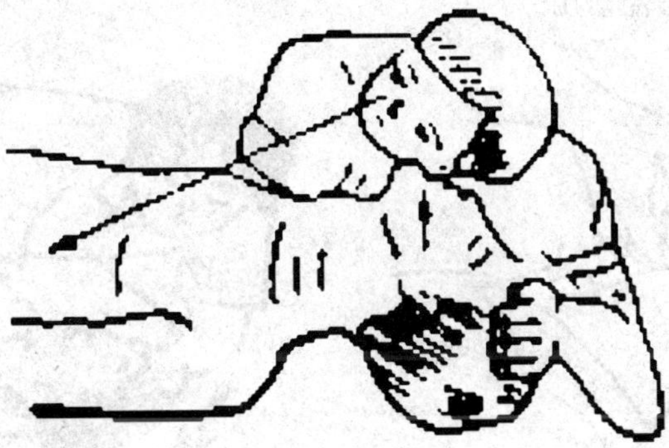

图 7—3 检查呼吸示意图

（3）开放气道

1）准备工作。如伤者意识不清，喉部肌肉就会松弛，舌肌就会后坠，阻塞喉咙及气道，使呼吸时发出响声（如打鼾声），甚至不能呼吸。

因舌肌连接下颚，如将下颚托起，可将舌头拉前上提，防止气道阻塞。解开患者上衣、腰带，暴露胸部。

开放气道另一个重要工作是要清除口腔内异物，主要包括手指钩出异物、腹部按压—卧位、腹部按压—站位，如图 7—4 所示。

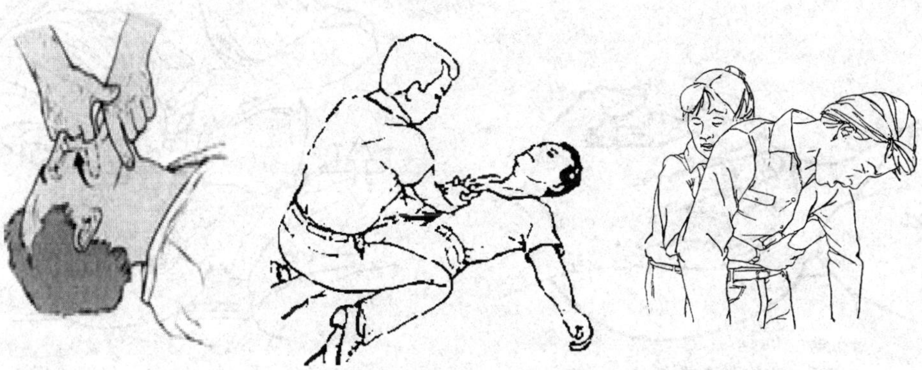

a) b) c)

图 7—4 清除异物

a）手指钩出异物 b）腹部按压—卧位 c）腹部按压—站位

2）开放气道方法：

①压额提颌。用一只手按压伤病者的前额，使头部后仰；同时用另一只手的食指及中指将下颌托起。使其下颌和耳垂连线与地面垂直，如图 7—5 所示。

注意：手不可放在伤员的颌下软组织。

②托颈压额法。具体示意图如图 7—6 所示。

注意：头颈部损伤者禁用。

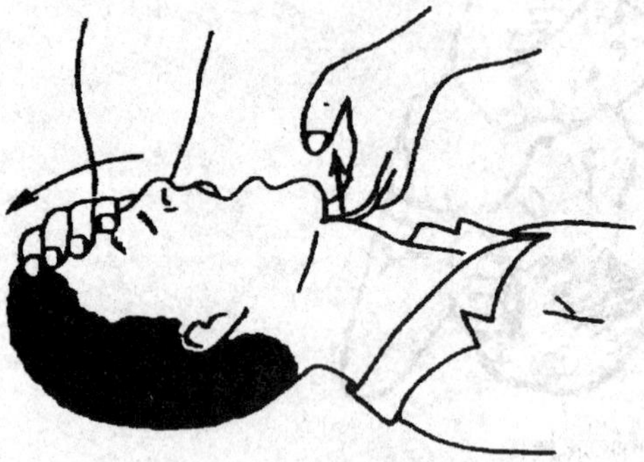

图 7—5　压额提颌法

图 7—6　托颈压额法

③创伤推颌法（托颌法）。如怀疑伤病者头部或颈部受伤，首先须固定颈椎。压额提颌法可能会移动颈椎，增加脊髓神经受伤的可能。可以采用创伤推颌法。颈部固定在正常位置，并同时用双手手指托起下颌角，如图 7—7 所示。

（4）人工呼吸

1）口对口人工呼吸法。具体示意图如图 7—8 所示。

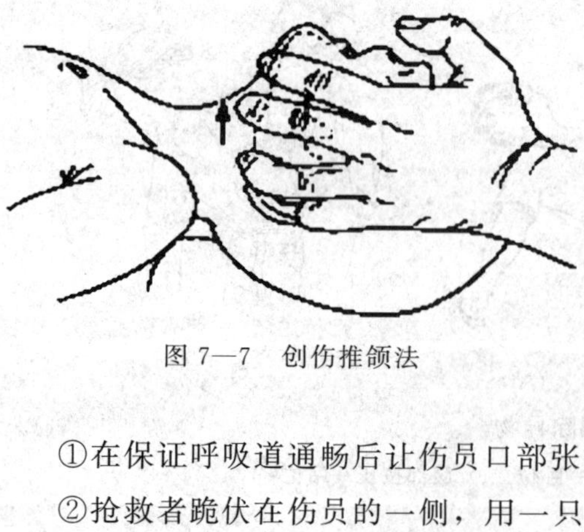

图 7—7　创伤推颌法

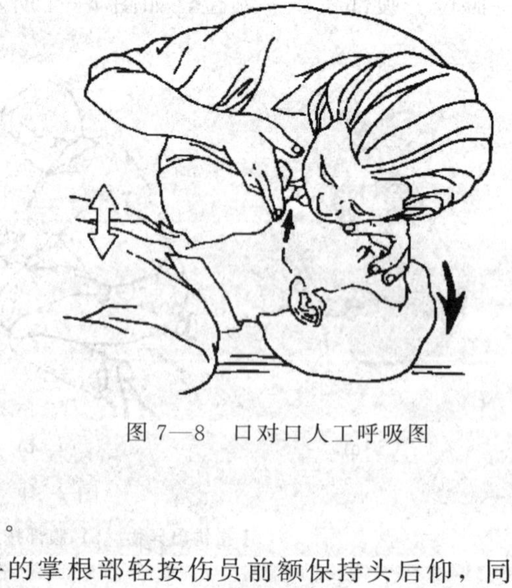

图 7—8　口对口人工呼吸图

①在保证呼吸道通畅后让伤员口部张开。

②抢救者跪伏在伤员的一侧，用一只手的掌根部轻按伤员前额保持头后仰，同时

用拇指和食指捏住患者鼻孔。

③抢救者深吸一口气后，张开口紧紧包绕伤员的口部，使口鼻均不漏气。

④用力快速向伤员吹气（1 s 以上），使胸廓隆起看到患者胸部上升，停止吹气。让患者被动呼出气体。

⑤一次吹气完毕后，口应立即与伤员口部脱离，同时捏鼻翼的手松开（掌根部仍按压伤员前额部），以便伤员呼气时可同时从口和鼻孔出气，确保呼吸道通畅。

⑥抢救者轻轻抬起头，眼视伤员胸部，此时伤员胸廓应向下塌陷。然后抢救者再吸入新鲜空气，做下一次吹气。成人吹气量：800～1 000 mL；吹气频率：开始时连续吹入 3～4 次，之后维持在 10～12 次/min。

2）口对鼻人工呼吸法。如伤员面部受伤则妨碍进行口对口人工呼吸，此时必须将伤员仰卧，迅速清理口腔和气道异物。将患者头部置于后仰位，口对鼻人工呼吸（同口对口人工呼吸）。具体示意图如图 7—9 所示。

图 7—9　口对鼻人工呼吸

3）人工呼吸的注意事项

①每次吹气量不要过大。

②吹气时间占呼吸周期的 1/3。

③吹气的同时不要按压胸部。

④口对鼻人工呼吸时，应保证伤员口部闭紧，抢救者的口唇包住伤员的鼻部。

⑤若伤员尚有微弱的呼吸，人工呼吸和伤员自主呼吸应同步。

⑥为防止交叉感染，可在伤员口、鼻部覆盖纱布。

（5）检查脉搏。食指及中指先摸到喉结处，再向外滑至同侧气管与颈部肌肉所形成的沟中，按压观察颈动脉 5～10 s。示意图如图 7—10 所示。

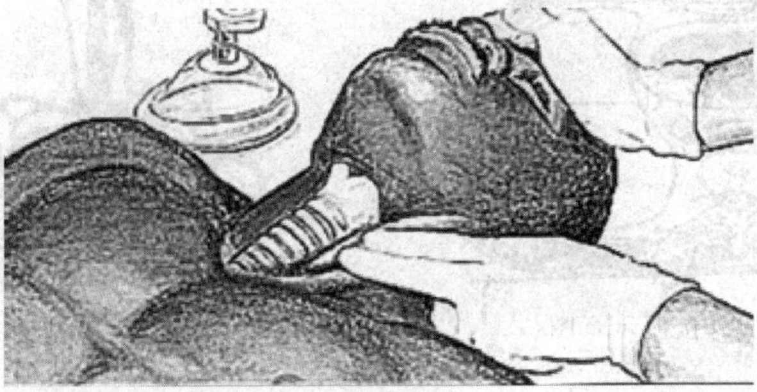

图 7—10　检查颈动脉

（6）心前区捶击

1）部位：心前区（胸骨下段）。

2）方法：距离胸壁 20～25 cm 垂直捶击 3 次。

3）注意事项：捶击不宜反复进行，最多不能超过 3 次。捶击时用力不宜过猛，婴幼儿禁用。

（7）胸外心脏按压

1）按压部位。胸骨中下 1/3 交界处，如图 7—11 所示。

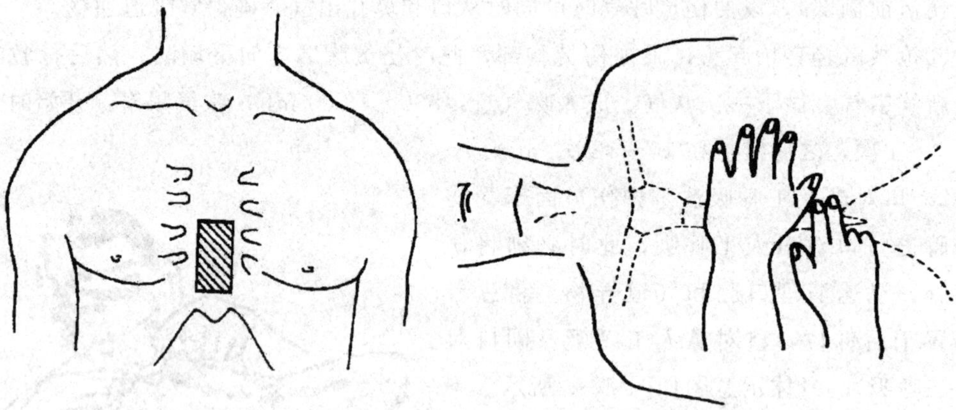

图 7—11　胸外按压位置示意图

2）按压手法。左手掌根部置于按压位置，右手掌压在左手背上，两手交叉互扣，指尖翘起，手指交叉，避免接触肋骨，如图 7—12 所示。

3）按压姿势：抢救者双臂伸直，肘关节固定不能弯曲，双肩部位在伤员正上方，垂直下压胸骨。示意图如图 7—13 所示。

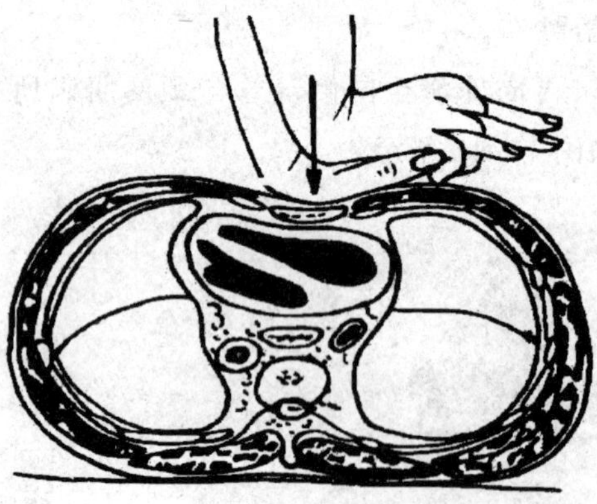

图 7—12　胸外按压示意图

图 7—13　胸外按压姿势图

4）按压用力及方式（深度）：按压应平稳有规律进行，应注意以下几点。

①成人：胸骨下陷 4～5 cm（婴幼儿 1～2 cm），用力太大易造成肋骨骨折，用力太小达不到有效作用。

②垂直下压，不能左右摇摆。

③不能冲击式猛压。

④下压时间与向上放松时间相等。

⑤下压至最低点应有一明显停顿（突然放松）。

⑥放松时手掌根部不要离开胸骨按压区皮肤，但应尽量松，使胸骨不受任何压力。

5）按压频率。成人 80～100 次/min。频率过快，心脏舒张时间过短，得不到较好的充盈。频率过慢，不能满足脑细胞需氧。

6）心脏按压与人工呼吸的配合

①单人心肺复苏术。同一抢救者轮番进行口对口人工呼吸和胸外心脏按压术。胸部按压数：人工呼吸数＝30∶2。示意图如图 7—14 所示。

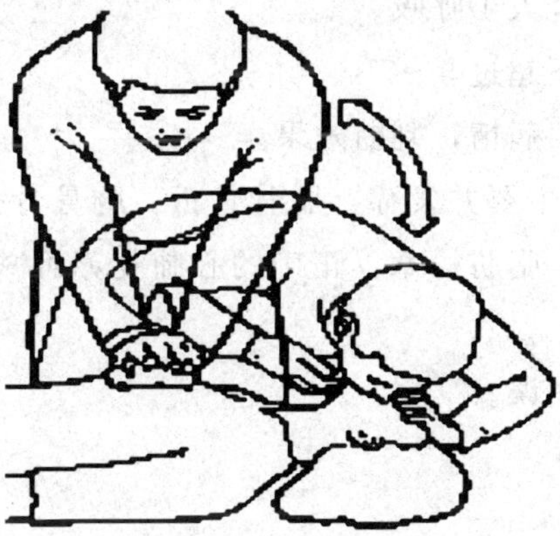

图 7—14　单人心肺复苏术示意图

②双人心肺复苏术。1 人心脏按压，另 1 人人工呼吸和监测颈动脉，示意图如图 7—15 所示。胸部按压数：人工呼吸数＝30∶2。

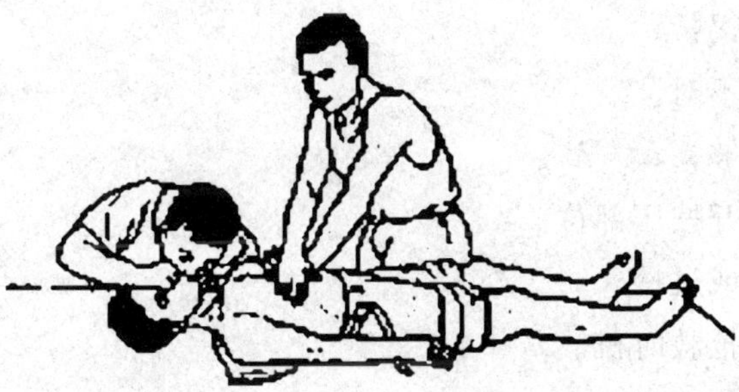

图 7—15　双人心肺复苏术示意图

注意：按压 5 个循环周期（约 2 min）对被抢救者做一次判断，主要触摸颈动脉，同时观察自主呼吸的恢复情况。

7）按压的有效指标

①能触到大动脉搏动，肱动脉收缩压＞60 mmHg。

②面色、口唇、甲床、皮肤等处色泽转好。

③散大的瞳孔缩小。

④有自主呼吸。

⑤昏迷程度变浅，可出现反射或四肢活动。

8）按压注意事项

①按压部位要正确。

②按压力度要适宜。

③按压姿势要正确。

④伤员头部适当放低。

⑤心脏按压时必须配合人工呼吸。

⑥复苏抢救中断时间不超过 5～7 s。

⑦按压期间，密切观察病情，判断效果。

9）心肺复苏并发症。主要并发症：肋骨骨折、胸骨骨折、肋骨胸骨分离、气胸、血胸、肺挫伤、肝脾穿孔、脂肪栓塞。正确的心肺复苏可减少并发症，但也不能完全避免。

10）心肺复苏可能的失误。

人工呼吸中的失误：

①气道开放不理想。

②口或鼻封闭不严密。

③吹气量过大，流速过快引起胃膨胀。

④吹气量不足。

⑤胃内容物反流，引起窒息。

心脏按压中的失误：

①手按压的部位不对。

②按压的力量不够。

③按压后，手离开按压部位。

④按压速度过快或过慢。

⑤检查过勤延误抢救时机。

11）人工复苏法的选择

①有轻微呼吸和轻微心跳，不用做人工呼吸，观察其病变，可用油擦身体，轻轻按摩。

②有心跳，无呼吸——用口对口人工呼吸法。

③有呼吸，无心跳——用胸外心脏按压法。

④呼吸，心跳全无——用胸外心脏按压与口对口人工呼吸法配合。

具体总结见表 7—1。

表 7—1　　心肺复苏要点总结表

时　间	程　序	重　点
4～10 s	判断意识、高声求助、摆正体位	检查时，回忆 CPR 程序
10 s	开放气道、检查呼吸	检查呼吸必须先畅通气道
5～6 s	口对口吹气	注意胸部隆起
5～10 s	检查脉搏	不要花费更长时间
20 s	实施胸外心脏按压	按压定位准确
10 s	检查呼吸、循环体征	如无呼吸、脉搏，继续 CPR
继续 CPR，每五个周期（约 2 min）停 10 s 检查呼吸、脉搏		

三、止血与包扎

1. 止血

（1）止血的目的、意义。在事故现场，一旦发生出血损伤，如能进行迅速而正确的急救处理，不仅对救护伤者生命、减轻痛苦和预防并发症等具有重要意义，而且可以为下一步治疗创造良好条件。

（2）出血量的判断

1）失血量＜5％（200～400 mL）时，能自行代偿，无异常表现。

2）失血 20％（约 800 mL）以上时，面色苍白、肢凉，脉搏增快达 100 次/min，出现轻度休克。

3）失血 20％～40％（800～1 600 mL）时，脉搏达 100～120 次/min 以上，出现中度休克。

4）失血 40％（1 600 mL）以上时，心慌、呼吸快、脉搏血压测不到，造成重度休克，可导致死亡。

（3）出血的特点

1）动脉出血：血液鲜红，量多，呈喷射状，短时间内大出血，可危及生命。

2）静脉出血：血液暗红色，量中等，呈涌出状或缓缓外流，速度稍缓慢。

3）毛细血管出血：血液鲜红，量少，呈水珠样流出或渗出，多能自行凝固。

（4）现场止血法。止血是现场急救者首先要掌握的一项基本技术。止血的方法有指压止血、加压包扎止血、止血带止血、填塞止血、加垫屈肢止血。止血的要领可以概括为 8 字，其顺序为压住、包住、塞住、捆住。

1）指压止血法。主要止血位置包括浅表动脉、颞浅动脉、面动脉、颈动脉、肱动脉、桡动脉、腘动脉、股动脉、足背动脉。

指压止血法具有简单、快速、有效的特点。适用于头颈、四肢动脉出血及中等以上的动脉出血。要求用手指（拇指）或手掌压住出血血管（动脉）的近心端，使血管被压在附近的骨块上，从而中断血流。可以达到快速止血的目的。本法只能在短时间内达到控制出血的目的，不宜久用。头部出血指压止血示意图如图 7—16 所示，前臂以上出血指压止血示意图如图 7—17 所示，下肢出血指压止血示意图如图 7—18 所示。

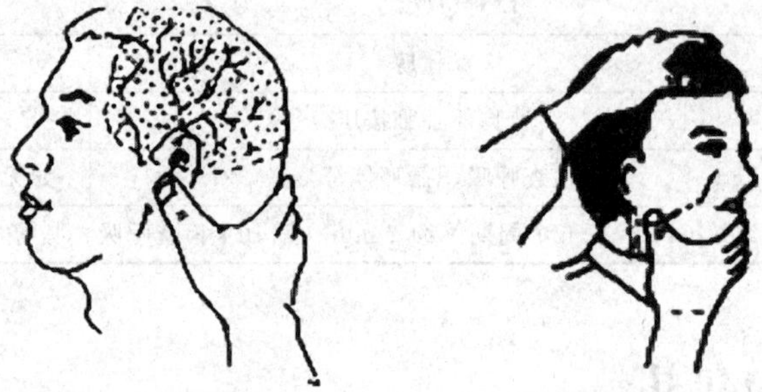

a)　　b)

图 7—16　头部出血指压止血示意图

a）头顶部出血（颞浅动脉）　b）颜面部出血（面动脉）

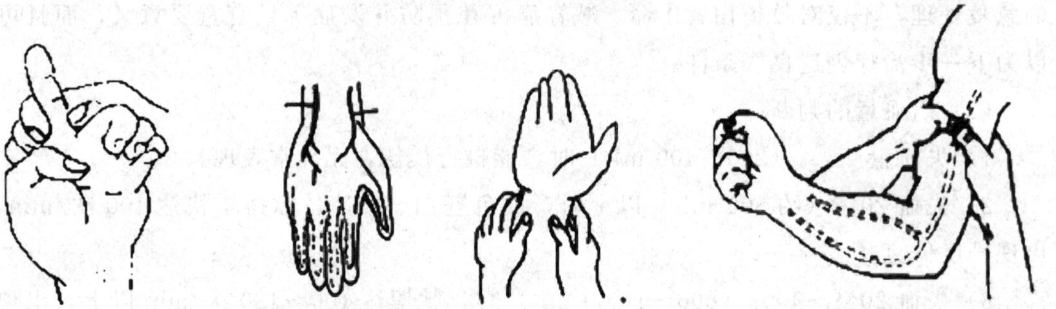

a)　　b)　　c)

图 7—17　前臂以上出血指压止血示意图

a）手指出血（指动脉）　b）手部出血（桡、尺动脉）　c）前臂出血（肱动脉）

2）加压包扎止血法。示意图如图 7—19 所示。

①用于静脉、小动脉及毛细血管出血时。

②用无菌敷料覆盖伤口，然后将纱布、绵垫放在无菌敷料上，再用绷带或三角巾加压包扎。

③包扎时松紧要适宜。

④既能止血，又不阻断肢体的血流为准。

3）止血带止血法。用于其他止血方法暂时不能控制的四肢动脉出血。常用的止血带有橡皮止血带、布条止血带两种，如图 7—20 所示。

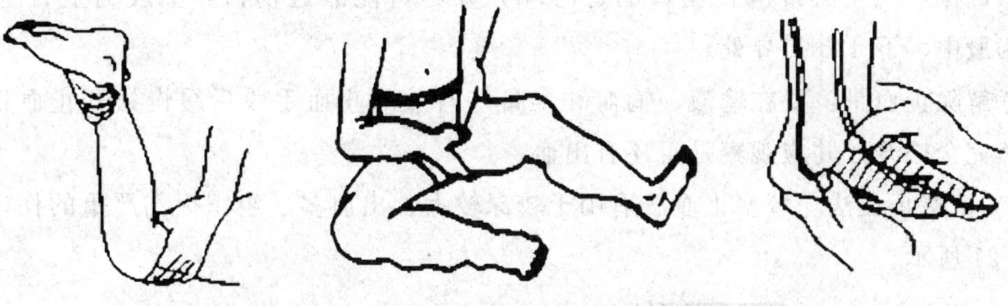

a)　　b)　　c)

图 7—18　下肢出血指压止血示意图

a）小腿出血（腘动脉）　b）下肢大出血（股动脉）　c）足部出血（胫前、后动脉）

止血带止血法注意事项：

①结扎止血带的时间：应越短越好，一般不应超过 1 h，最长不宜超过 3 h；若必须延长，则应每隔 1 h 左右放松 1～2 min，放松期间在伤口近心端局部加压止血。

②标记：使用止血带必须在伤者的体表做出明显的标记，注明伤情和使用止血带的原因和时间，并严格交接班。

③衬垫：为避免损伤皮肤，止血带不能直接与皮肤接触，必须用纱布等物做衬垫，需平整，避免有皱褶。

图 7—19　绷带加压包扎止血

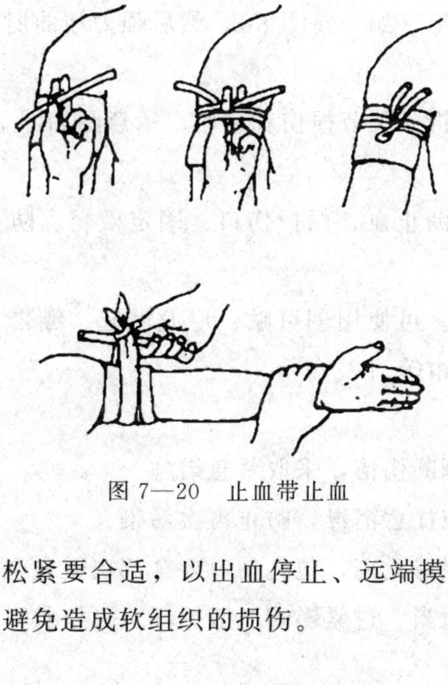

图 7—20　止血带止血

④松紧度：止血带的松紧要合适，以出血停止、远端摸不到动脉搏动为原则。既要达到止血的目的，又要避免造成软组织的损伤。

⑤部位：扎止血带应在伤口的近心端，并尽可能靠近伤口。上肢为上臂上 1/3，下肢为股中、下 1/3 交界处。

⑥解除止血带：要在输液、输血和准备好有效的止血手段后缓慢松开止血带，切忌突然完全松开，并应观察是否还有出血。

4）填塞止血法。填塞止血法适用于较深较大、出血多、组织损伤严重的伤口，如图 7—21 所示。

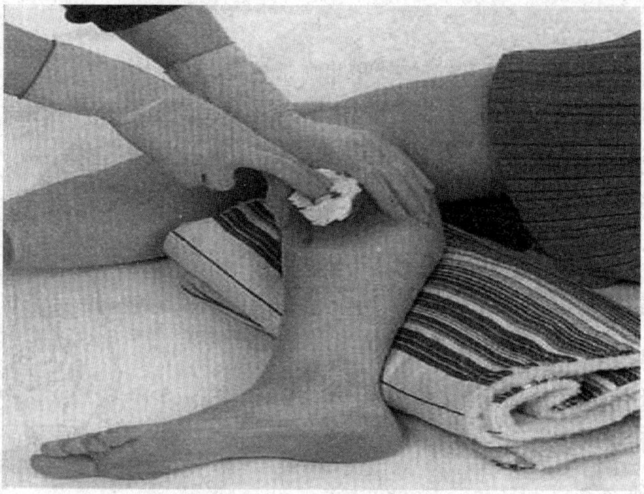

图 7—21　填塞止血法

5）加垫屈肢止血法

①用于前臂和小腿的出血。

②在肘窝、腘窝处加垫（如一卷绷带），然后强力屈曲肘关节、膝关节，再用三角巾或绷带等缚紧固定。

③对已有或怀疑有骨折或关节损伤者禁用。示意图如图 7—22 所示。

2. 包扎

（1）包扎的目的。帮助止血、保护伤口、固定敷料、防止污染、减轻疼痛、利于转运。

（2）常用的包扎用品。可使用创可贴、尼龙网套、绷带、三角巾及多头带等，也可就地取材，如衣服、毛巾等。

（3）包扎具体要求

1）迅速暴露伤口，判断伤情，采取紧急措施。

2）妥善处理伤口，应注意消毒，防止再次污染。

3）所用包扎材料应保持无菌，包扎伤口要全部覆盖包全。

4）包扎的松紧度要适当，过紧影响血液循环，过松敷料易松脱或移动。

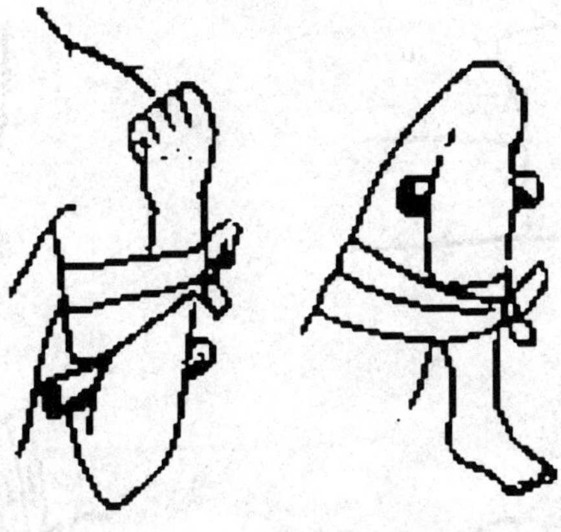

图 7—22　加垫屈肢止血法

5）包扎打结或用别针固定的位置，应在肢体的外侧或前面，避免在伤口处或坐卧受压的地方。

6）包扎伤口时，动作要迅速、敏捷、谨慎，不要碰撞和污染伤口，以免引起疼痛、出血或污染。

7）根据包扎部位，选用宽度适宜的绷带和大小合适的三角巾。

8）包扎方向为自下而上，由左向右，从远心端向近心端包扎，以助静脉血液回流。绷带固定时的结应放在肢体的外侧面，忌在伤口上、骨隆突处或易于受压的部位。

9）解除绷带时，先解开固定结或取下胶布，然后以两手互相传递松解。紧急时或绷带已被伤口分泌物浸透干涸时，可用剪刀剪开。

（4）包扎的种类

1）绷带包扎法。具体示意图如图 7—23 所示。

①环形包扎法。用于肢体较小部位或圆柱形部位包扎，如手、足、腕部及额部，亦用于各种包扎起始时。绷带卷向上，用右手握住，将绷带展开约 8 cm，左手拇指将绷带头端固定需包扎部位，右手连续环形包扎局部，其圈数按需要而定，用胶布固定绷带末端。

②螺旋形包扎法。用于周径近似均等的部位，如上臂、手指等。从远端开始先环形包扎两圈，再向近端呈 30°角螺旋形缠绕，每圈重叠前一圈 2/3，末端胶布固定。在急救缺乏绷带或暂时固定夹板时每周绷带不互相掩盖，称蛇形包扎法。

③螺旋反折包扎法。用于周径不等部位，如前臂、小腿、大腿等，开始先做两周环形包扎，再做螺旋包扎，然后以一手拇指按住卷带上面正中处，另一手将卷带自该点反折向下，盖过前周 1/3 或 2/3。每一次反折须整齐排列成一直线，但每次反折不应在伤口与骨隆突处。

④“8”字形包扎法。用于肩、肘、腕、踝等关节部位的包扎和固定锁骨骨折。以

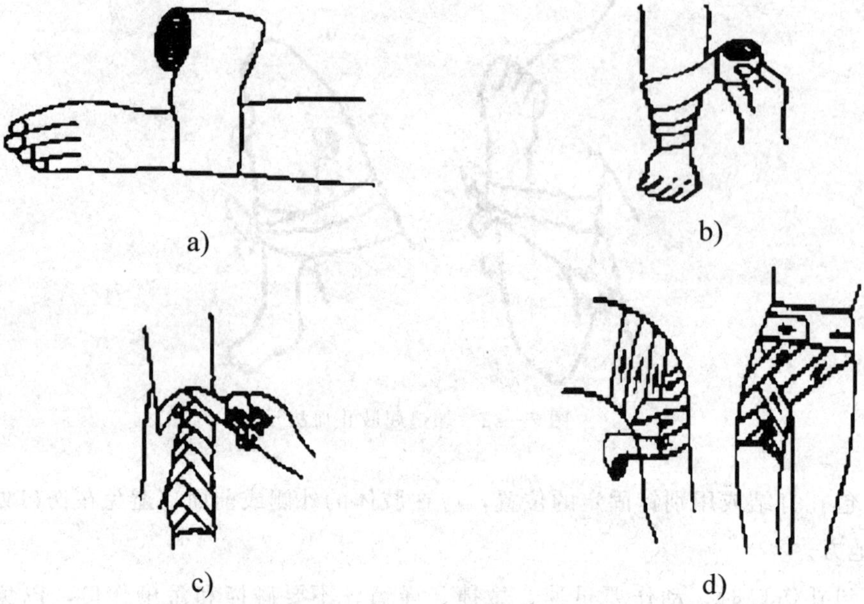

图 7—23　绷带包扎示意图

a）环形包扎法　b）螺旋形包扎法　c）螺旋反折包扎法　d）“8”字形包扎法

肘关节为例，先在关节中部环形包扎两圈，绷带先绕至关节上方，再经屈侧绕到关节下方，过肢体背侧绕至肢体屈侧后再绕到关节上方，如此反复，呈“8”字连续在关节上下包扎，每圈与前一圈重叠 2/3，最后在关节上方环形包扎两圈，胶布固定。

绷带包扎注意事项：

①伤者体位要适当。

②患肢搁于适当位置，使患者在包扎过程中能保持肢体舒适，减少伤员痛苦。

③患肢包扎须在功能位置。

④包者通常站在患者的前面，以便观察患者面部表情。

⑤一般应自内而外，并自远心端向躯干包扎。包扎开始时，须做两环形包扎，以固定绷带。

⑥包扎时要掌握绷带卷，避免落下。绷带卷须平贴于包扎部位。

⑦包扎时每周的压力要均等，且不可太轻，以免脱落。亦不可太紧，以免发生循环障碍。

⑧除急性出血、开放性创伤或骨折伤员外，包扎前必须使局部清洁干燥。

⑨戒指、金链镯及手表项链等于包扎前除去。

2）三角巾包扎法。三角巾包扎主要包括头顶帽式包扎法、单眼包扎法、双眼包扎法、单肩包扎法、双肩包扎法、膝部带式包扎法、大悬带包扎法、手部包扎法等。具体示意图如图 7—24 所示。

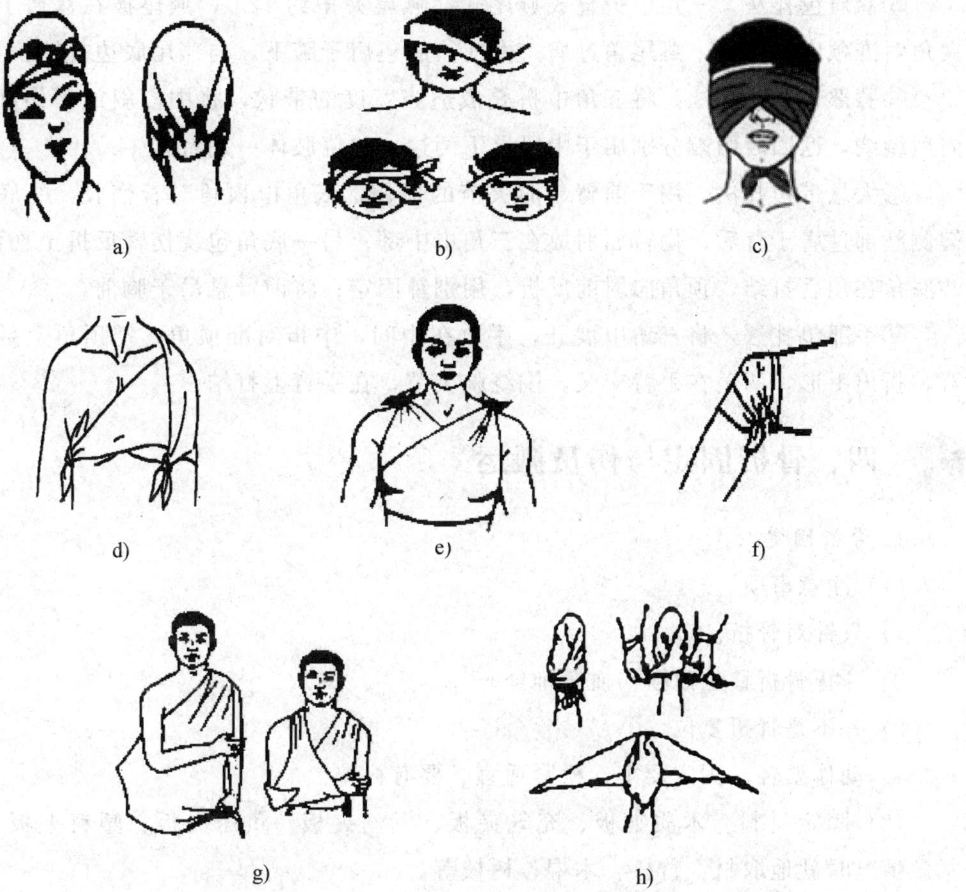

图 7—24　三角巾包扎示意图

a）头顶帽式包扎法　b）单眼包扎法　c）双眼包扎法　d）单肩包扎法　e）双肩包扎法
f）膝部带式包扎法　g）大悬带包扎法　h）手部包扎法

①头顶帽式包扎法。将三角巾的底边叠成约两横指宽，边缘置于伤员前额齐眉，顶角向后位于脑后，三角巾的两底角经两耳上方拉向头后部交叉并压住顶角，再绕回前额相遇时打结，顶角拉紧，插入头后部交叉处内。

②单眼包扎法。将三角巾折成三指宽的带形，以上 1/3 盖住伤眼，2/3 从耳下端反折绕向脑至健侧，在健侧眼上方前额处反折至健侧耳下再反折，转向伤侧耳上打结固定。

③双眼包扎法。将三角巾折成三指宽带形，从枕后部拉向双眼在鼻梁上交叉，绕向枕下部打结固定。

④单肩包扎法。三角巾折叠成燕尾式，燕尾夹角约 90°，大片在后压小片，放于肩上；燕尾夹角对准侧颈部；燕尾底边两角包绕上臂部并打结；拉紧两燕尾角，分别经胸、背部至对侧腋下打结。

⑤双肩包扎法。三角巾折叠成燕尾式，燕尾夹角约 120°，燕尾披在双肩上，燕尾夹角对准颈后正中部，燕尾角过肩，由前往后包肩于腋下，与燕尾底边打结。

⑥膝部带式包扎法。将三角巾折叠成适当宽度的带状，将中段斜放于伤部，两侧向后缠绕，返回时两端分别压于中段上下两边，包绕肢体一周打结。

⑦大悬带包扎法。用于前臂、肘关节的损伤。三角巾顶角对着伤肢，一底角置于健侧胸部过肩于背后；伤臂屈肘放在三角巾中部；另一底角包绕伤臂反折至伤侧肩部；两底角在颈后打结，顶角向肘前反折，用别针固定；将前臂悬吊于胸前。

⑧手部包扎法。将三角巾展开，手放在中间，中指对准顶角，把顶角上翻盖住手背，折出手形，两角在手背交叉，围绕腕关节，在手背上打结。

四、骨折固定与伤员搬运

1. 骨折固定

（1）注意事项

1）只针对骨折。

2）防止骨折移位而损伤血管神经。

3）并不是骨折复位。

4）动作要轻、固定要牢、松紧适宜、要有衬垫。

（2）固定材料。木质夹板、充气夹板、钢丝夹板、负压夹板、塑料夹板、其他。紧急情况时就地取材：竹棒、木棍、树枝等。

（3）骨折急救固定法。骨折固定方法很多，肱骨干骨折与前臂骨折固定示意图如图 7—25 所示，手腕和股骨骨折固定示意图如图 7—26 所示，小腿和踝足部骨折固定示意图如图 7—27 所示，胸腰椎及颈椎骨折固定示意图如图 7—28 所示。

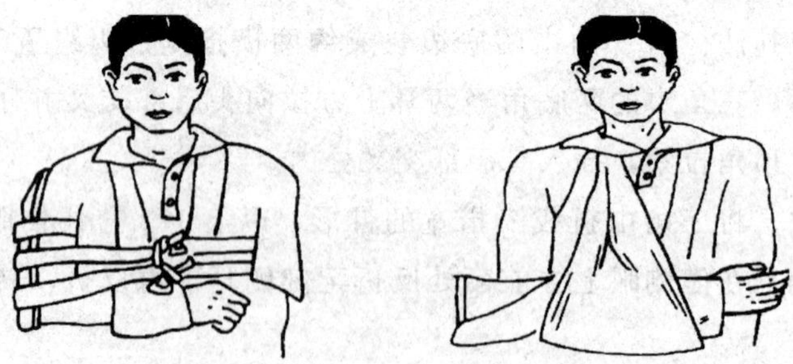

a) b)

图 7—25　肱骨干骨折与前臂骨折固定示意图

a）肱骨干骨折固定示意图　b）前臂骨折示意图

1）肱骨干骨折。用 2 块长短、宽窄适宜的有垫夹板，分别放在伤臂的内、外侧，

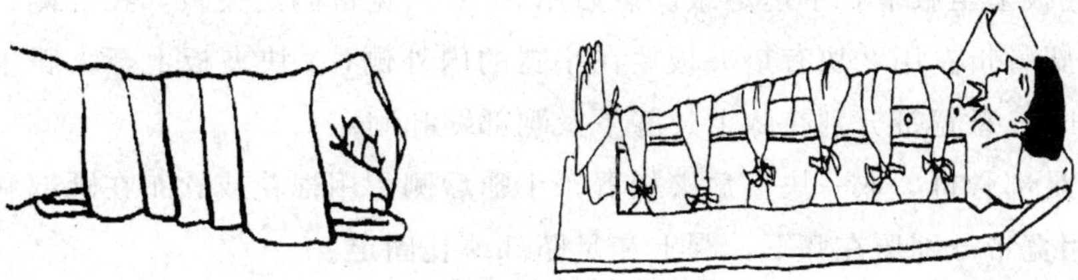

a)　　b)

图 7—26　手腕和股骨骨折固定示意图

a）手腕骨折固定示意图　b）股骨骨折固定示意图

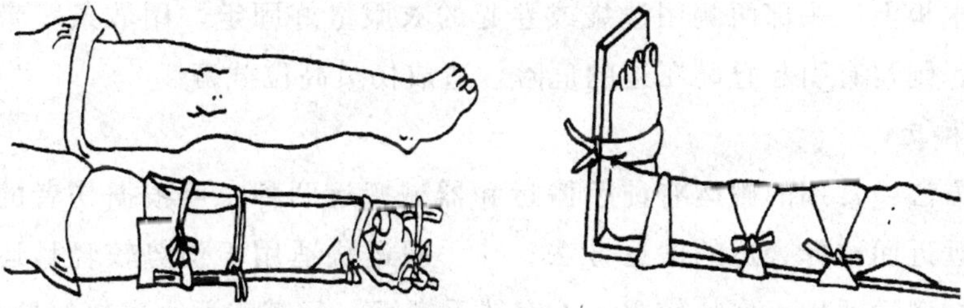

a)　　b)

图 7—27　小腿和踝足部骨折固定示意图

a）小腿骨折固定示意图　b）踝足部骨折固定示意图

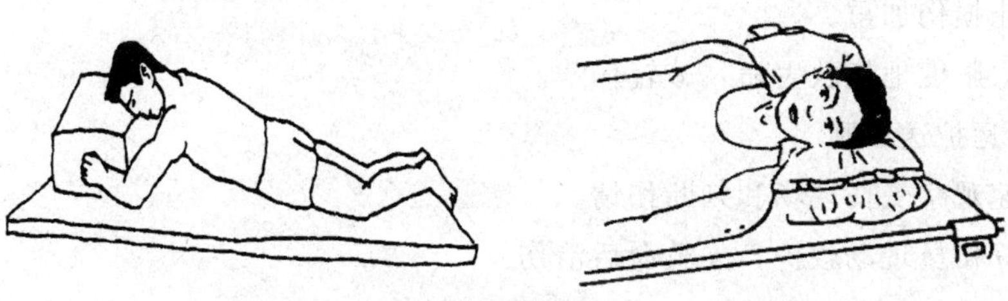

a)　　b)

图 7—28　胸腰椎及颈椎骨折固定示意图

a）胸腰椎骨折固定示意图　b）颈椎骨折固定示意图

屈肘 90°，用 3～4 条宽带将骨折上下部缚好，再用小悬带把前臂挂在胸前，最后用宽带或三角巾将伤臂固定于体侧。

2）前臂骨折。用 2 块有垫夹板分别放在前臂的掌侧和背侧，前臂处于中立位，屈肘 90°，用 3～4 条宽带缚扎夹板，再用大悬臂带把前臂挂在胸前。

3）手腕部骨折。用一块有垫夹板放在前臂和手的掌侧，手握绷带卷，再用绷带缠绕固定，然后用大悬臂带把患臂挂于胸前。

4）股骨骨折。用 2 块长夹板放在伤肢的内外侧，内侧夹板上包大腿根部，下至足跟；外侧夹板上至腋下，下达足跟。然后用5～8条宽带固定夹板，在外侧打结。

5）小腿骨折。用2块有垫夹板放在小腿的内外侧，2块夹板上至大腿中部，下至足部。用4～5条宽带分别在膝上、膝下及踝部缚扎固定。

6）踝足部骨折。取一块直角夹板置于小腿后侧，用棉花或软布在踝部和小腿下部垫妥后，用宽带分别压在膝下，踝上和足跖部缚扎固定。

7）胸腰椎骨折。疑有胸腰椎骨折，尽量避免骨折处移动，以免损伤脊髓，用硬板担架或门板轻轻移伤员至木板上，取仰卧位，用数条宽带缚扎伤员于木板上。若为软质担架，令伤员采取俯卧位，使脊柱伸直禁止屈曲，送至医院。

8）颈椎骨折。务必使伤员头部固定于伤后位置，不屈、不伸、不旋转，数人合作将伤员抬至木板上，头部两侧用沙袋或卷起的衣服垫好固定，用数条宽带把伤员缚扎在木板上。否则，有引起脊髓压迫的危险，造成伤员高位截瘫。

2. 伤员搬运

搬运的方法：常用的搬运有徒手搬运和器械搬运两种。可根据伤者的伤势轻重和运送的距离远近而选择合适的搬运方法。徒手搬运法适用于伤势较轻且运送距离较近的伤者，器械搬运适用于伤势较重，不宜徒手搬运，且需转运距离较远的伤者。

（1）搬运的目的

1）使受伤伤员脱离危险区，实施现场救护。

2）尽快使伤员获得专业医疗。

3）防止损伤加重。

4）最大限度地挽救生命，减轻伤残。

（2）搬运护送原则

1）迅速观察受伤现场和判断伤情。

2）做好伤员现场救护，先救命后治伤。

3）应先止血、包扎、固定后再搬运。

4）伤员体位要适宜。

5）不要无目的地移动伤员。

6）保持脊柱及肢体在一条轴线上，防止损伤加重。

7）动作要轻巧、迅速，避免不必要的震动。

（3）搬运方法。搬运方法包括徒手搬运和器械搬运，徒手搬运包括单人徒手搬运法（见图7—29）、双人徒手搬运法（见图7—30）、多人徒手搬运（见图7—31a）。器械搬运如图7—31b所示。

1）单人徒手搬运法

①背法。适用于老幼、体轻、清醒的伤患者，更适用搬运溺水伤员。如有胸部损伤或四肢、脊柱骨折不能用此法。救护者背朝向伤员蹲下，让伤员将双臂从自己肩上

a)　　b)　　c)

图 7—29　单人徒手搬运法

a）背法　b）扶持法　c）抱法

a)　　b)　　c)

图 7—30　双人徒手搬运法

a）椅式　b）拉车式　c）平托式

a)　　b)

图 7—31　多人徒手搬运与器械搬运法

a）多人徒手搬运法　b）器械搬运法

伸到胸前，两手紧握；救护者抱其腿，慢慢站起。若伤员卧于地，不能站立，救护员可躺在病员一侧，一手紧握伤员手，另一手抱其腿，慢慢站起。

②扶持法。适用于病情较轻、清醒、无骨折、能够站立行走的伤员。救护者站在伤者一侧，使伤员一侧上肢绕过自己的颈部；用一只手抓住伤员的手，另一只手绕到伤员背后，搀扶行走。

③抱法。适用于年幼、体轻无骨折、伤势不重者。是短距离搬运的最佳方法。如有脊柱或大腿骨折禁用此法。救护者蹲在伤员的一侧，面向伤员，一只手放在伤员的大腿下，另一只手绕到伤员的背后，然后将其轻轻抱起。

2）双人徒手搬运法

①椅式。适用于体弱而清醒的一般伤患者。甲以右膝、乙以左膝跪地，各以一手伸入伤员大腿中部下方（腘窝处）互相握住对方的手腕，另一手彼此交替支持患者背部。同时站起，行走时同时迈出外侧的腿，保持步调一致。或 3 手互握，一手搭对方肩部。

②拉车式。适用于意识不清的一般伤患者。两名救护者，一人站在伤员的头部，两手从伤员腋下插入，把伤员两前臂交叉于胸前，再抓住伤员的手腕，把伤员抱在怀里；另一人反身站在伤员两腿中间将伤员两腿抬起。步调一致抬起行走。

③平托式。适用于骨折伤员，一人托住伤员的颈部和背部，另一人托住伤员的臀部和膝部，要求同时用力，缓慢移动。

3）多人徒手搬运法。适用于脊柱骨折的伤者。3～4 名救护者站在伤员未受伤的一侧，同时单膝跪地，分别抱住伤员的头、颈、肩、背、臀、膝、踝部。同时站立，抬起伤员，齐步前进，以保持伤员躯干不被扭转或弯曲。

4）担架搬运法。由 3～4 人将伤员移至担架上。伤员的脚在前，头在后，以便于观察。抬起时先抬头，后抬脚，放下时先放脚，后放头；步调一致，平稳前进。向高处抬（如上台阶/上桥）时伤员头朝前，足朝后。或前面的人放低、后面的人要抬高，以使伤员保持水平状态；下台阶时，则相反。

5）几种特殊伤员的搬运

①脊柱骨折的搬运。在固定骨折或搬运时，严禁脊椎（颈部、躯干）前屈或扭转，保持脊柱伸直。颈椎损伤 3～4 人一起搬运，1 人专管头部牵引固定（双手抱伤员头部两侧，沿脊柱轴线牵引），然后 1 人托肩、1 人托臀、1 人托下肢，动作一致，将伤员放在硬质担架（铲式担架或硬板）上，颈下垫一小垫，使头部与身体成直线位置。头颈两侧用沙袋固定或用颈托（临时颈托也可），肩部略垫高，防止头部左右扭转和前屈、后伸。

胸腰椎损伤采用平托法或滚动法，由 3～4 人，分别扶托伤员的头、肩、臀和下肢，动作一致，把伤员抬到或翻到硬质担架（铲式担架或硬板）上，这样不使伤员的脊柱弯曲以免造成脊髓断裂和下肢瘫痪的严重后果。

②骨盆骨折搬运。用三角巾或大块包伤材料环形包扎骨盆。采用三人平托法放在硬质（铲式、木板）担架上搬运。伤员仰卧，髋、膝关节半屈，膝下加垫，两大腿略向外展。

③腹部内脏脱出的伤员搬运。伤员双腿屈曲，腹肌放松，防止内脏继续脱出。脱出内脏严禁送回腹腔，防止加重污染。用大小适当的碗扣住并用皮带圈围住保护脏器，然后包扎固定。取仰卧位，膝下垫高、屈曲下肢，使腹壁松弛，减少痛苦。应根据伤口的纵横形状采取不同的卧位。腹部横裂伤口要两腿屈曲；直裂伤口要两腿放平，使伤口不易裂开。

④颅脑损伤搬运。有脑膨出时，伤员取健侧卧位，以保持呼吸道通畅，头部两侧应用衣卷固定，防止摇动并迅速送医院。

⑤颌面伤搬运。伤员取健侧卧位或俯卧位，便于口内血液和分泌液向外流出，保持呼吸道的通畅，以防止窒息。若伴有颈椎伤时，应按颈椎伤处理。

⑥昏迷伤员的搬运。患者取侧卧位或俯卧位，头偏向一侧，以利于呼吸道分泌物引流。

⑦身体带有刺入物的伤员搬运。先包扎伤口，固定好刺入物。避免挤压、碰撞。刺入物较长时，要专人保护。严禁震动，以防刺入物脱出或深入。

第四节　典型事故现场急救

一、中毒、窒息急救

1. 中毒急救

（1）中毒急救治疗的一般原则

1）急性皮肤吸收的中毒。经皮肤吸收毒物，或腐蚀造成皮肤灼伤的毒物，应立即脱去受污染的衣物，用大量清水冲洗，也可用温水，禁用热水。

2）误服吞咽中毒。误服吞咽除及时反复漱口，除去口腔毒物外，应当：①催吐。催吐在服毒后 4 h 内有效，简单的办法是用手指、棉棒或金属匙柄刺激咽部舌根，对昏迷、痉挛发作，吞强酸、强碱等腐蚀品及汽油、煤油等有机溶剂者禁用或慎用。②洗胃。洗胃是治疗常规，有催吐禁忌者慎用。用清水、生理盐水或其他能中和毒物的液体洗胃。洗胃液每次不超过 500 mL，以免把毒物冲入小肠，反复洗，直到洗出液几乎无毒物为止。③清泻。口服或胃管送入大剂量的泻药，如硫酸镁、硫酸钠等。

④应用解毒、防毒及其他排毒药物。

（2）中毒急救要领

1）安全进入毒物污染区。对于高浓度的硫化氢、一氧化碳等毒物污染区及严重缺氧环境，必须立即通风，参加救护人员需佩戴供氧式防毒面具。毒物也应采取有效防护措施方可入内救护。

2）迅速抢救生命。中毒者脱离染毒区后，应在现场立即着手急救。心脏停止的，立即拳击心脏部位的胸壁或做胸外心脏按摩，直接对心脏内注射肾上腺素或异丙肾上腺素，抬高下肢使头部低位后仰。呼吸停止者赶快做人工呼吸，最好用口对口吹气法，剧毒品不适宜用口对口法时，可用其他人工呼吸法，直至恢复自主心搏和呼吸。急救操作不可动作粗暴，以免造成新的损伤。眼部溅入毒物，应立即用清水冲洗，或将脸部浸入满盆清水中，张眼并不断摆动头部稀释洗去毒物。

3）彻底清除毒物污染，防止继续吸收。脱离污染区后，立即脱掉受污染的衣物，对于皮肤、毛发甚至指甲缝中的污染，都要注意清除。对能由皮肤吸收的毒物及化学灼伤，应在现场用大量清水或其他备用的解毒、中和液冲洗。毒物经口侵入体内，应及时彻底洗胃或催吐，除去胃内毒物，并及时以中和、解毒药物减少毒物的吸收。

4）经过初步急救，快速送医院继续治疗。

2. 窒息急救

人体的呼吸过程由于某种原因受阻或异常，所产生的全身各器官组织缺氧，二氧化碳滞留而引起的组织细胞代谢障碍、功能紊乱和形态结构损伤的病理状态称为窒息。当人体内严重缺氧时，器官和组织会因为缺氧而广泛损伤、坏死，尤其是大脑。气道完全阻塞造成不能呼吸只要 1 min，心跳就会停止。只要抢救及时，解除气道阻塞，呼吸恢复，心跳随之恢复。但是，窒息是危重伤员最重要的死亡原因之一。主要窒息类型如下：

（1）机械性窒息，因机械作用引起呼吸障碍，如缢、绞、扼颈项部、用物堵塞呼吸孔道、压迫胸腹部及患急性喉头水肿或食物吸入气管等造成的窒息。

（2）中毒性窒息，如一氧化碳中毒，大量的一氧化碳由呼吸道吸入肺，进入血液，与血红蛋白结合成碳氧血红蛋白，阻碍了氧与血红蛋白的结合与解离，导致组织缺氧造成的窒息。

（3）病理性窒息，如溺水和肺炎等引起的呼吸的丧失：

1）脑循环障碍引起的中枢性呼吸停止。

2）空气中缺氧的窒息（如关进箱、柜内，空气中的氧逐渐减少等）。其症状主要表现为二氧化碳或其他酸性代谢产物蓄积引起的刺激症状和缺氧引起的中枢神经麻痹症状交织在一起。

窒息按照时间发展可以分为如下阶段：

（1）窒息前期。机体发生呼吸障碍，首先是氧气吸入的障碍，因机体内还有一些氧的残留，故短时间机体无症状。此期一般持续仅 0.5～1 min，身体虚弱的人难以支持，而身健或训练有素的登山、潜水运动员，却可延长 3～5 min。

（2）吸气性呼吸困难期。机体新陈代谢耗去体内的残余氧并产生大量二氧化碳储留，使体内缺氧加重，在二氧化碳的刺激下，呼吸加深加快，但以吸气过程最为明显，呼吸呈喘气状，此时心跳加快，血压上升。此期持续 1～1.5 min。

（3）呼气性呼吸困难期。此期体内二氧化碳持续增加，呼吸加剧，出现呼气强于吸气运动。此时机体颜面青紫肿胀，颈静脉怒张，呈典型的窒息症状。并可能出现意识丧失、肌肉痉挛，甚至出现排尿排便现象。此时为呼吸暂停期。此期呼吸中枢由兴奋转为抑制，呼吸变浅、慢，甚至暂时停止，心跳微弱、血压下降，肌肉痉挛消失，状如假死，此期持续约 1 min。

（4）终末呼吸期。由于严重缺氧和过多的二氧化碳积蓄，呼吸中枢再度受刺激而兴奋，呼吸活动又暂时恢复，呈间歇性吸气状态，鼻翼扇动。同时血压下降，瞳孔散大，肌肉松弛。此期持续一至数分钟。

（5）呼吸停止期。此期呼吸停止，但尚有微弱的心跳，可持续数分钟至数十分钟，最后心跳停止死亡。需要说明的是，在上述窒息过程的任何阶段，皆可因心跳停止而突然死亡。表现为呼吸极度困难，口唇、颜面青紫，心跳加快而微弱，伤员处于昏迷或者半昏迷状态，紫绀明显，呼吸逐渐变慢而微弱，继而不规则，到呼吸停止，心跳随之减慢而停止。瞳孔散大，对光反射消失。

窒息的原因很多，窒息的急救应根据其病因进行救护。解除了气道阻塞和引起缺氧的原因，部分伤员可以迅速恢复。具体措施如下：

（1）呼吸道阻塞的救护。将昏迷伤员下颌上抬或压额抬后颈部，使头部伸直后仰，解除舌根后坠，使气道畅通。然后用手指或用吸引器将口咽部呕吐物、血块、痰液及其他异物挖出或抽出。当异物滑入气道时，可使伤员俯卧，用拍背或压腹的方法，拍挤出异物。

（2）颈部受扼的救护。应立即松解或剪开颈部的扼制物或绳索。呼吸停止立即进行人工呼吸，如伤员有微弱呼吸可给予高浓度吸氧。

（3）胸部严重损伤的救护。采用半卧位法，给予吸痰及血块，保持呼吸道通畅，吸氧，止痛，封闭胸部开放伤口，固定肋骨骨折，速送医院急救。

二、溺水急救

在溺水事故中，当救护者到达现场时要尽快检查伤员的呼吸，如果伤员没有呼吸，立即口对口人工呼吸，不要等到伤员脱离水中或从伤员肺中倒出水后再进行人工呼吸。

一旦伤员已恢复呼吸并已离开水中，则置伤员于保护体位，覆盖毛毯或衣服给予保暖，并寻求医疗帮助。

迅速从伤员口鼻中清除污泥杂草及呕吐物等阻塞物，使其保持呼吸道通畅，并将其头低脚高俯卧位置于抢救者的大腿上，按压背部，迫使呼吸道及胃内的水倒出，注意倒水时间不宜过长，如呼吸、心跳停止或极其微弱者，立即口对口人工呼吸和心脏按压。如果伤员在水中，而水面又低于救护者的身高，可用一只手托住他的头部，并捏住溺水者的鼻子。

对溺水者应就地积极抢救，进行有效的心肺复苏，切勿将存在极微弱呼吸、心跳的假死状态误认为真正死亡而放弃抢救。溺水者大多有严重的病理生理变化，如并发肺部感染、急性呼吸窘迫综合征等，因此在复苏初步成功之后应迅速转送上级医院继续抢救。

人淹没于水中因为水、水中污泥和杂草堵塞呼吸道或因反射性喉、气管、支气管痉挛引起窒息称为淹溺或溺水。此外，水大量吸收到血液循环中可引起血浆渗透压改变、电解质紊乱和组织损伤。溺水若急救不及时可造成呼吸和心搏骤停而死。

溺水可根据其发生机理分为两种类型：干性溺水和湿性溺水。

（1）干性溺水。人落水后，因惊慌、恐惧或骤然寒冷等强烈刺激而引起喉头痉挛，以致呼吸道完全梗阻造成窒息和反射性心搏骤停而死亡。据估计，溺水死亡者约有10%～40%属此型。

（2）湿性溺水。人淹没于水中，本能引起屏气，避免水进入呼吸道，但由于缺氧，屏气不能坚持很久而被迫做深呼吸，使水大量进入呼吸道和肺泡，水经肺泡迅速吸收入血液循环。根据吸收入血液的是淡水还是海水，其病理生理过程不同。

若为淡水可产生：

1）水对呼吸道、肺泡壁具有直接损伤作用，引起肺泡塌陷，进一步阻碍气体交换。

2）水进入血液循环后引起血浆渗透压降低，使红细胞膨胀而溶血，细胞内 K^+ 和血红蛋白逸出，引起高钾血症和急性肾功能不全。

3）循环血量骤增，可引起肺水肿。

若为海水，因含3.5%氯化钠和大量钙盐、镁盐，可产生：

1）对呼吸道和肺泡有化学性刺激作用，肺泡上皮细胞和毛细血管内皮细胞受损后大量血浆向肺泡腔和肺泡间质渗出，引起肺水肿。

2）高钙血症可引起心动过缓，甚至心搏骤停。

3）高镁血症可抑制中枢神经和周围神经功能，使肌肉收缩力减弱、血管扩张、血压降低。

不论海水与淡水，可引起各种并发症，如脑水肿、肺水肿、肺部感染，进而发生

ARDS、DIC 和急性肾功能衰竭；若跌入粪池、污水池，可同时引起硫化氢或其他化学物中毒。

临床特征与识别：尚处于濒死期溺水者获救后，往往表现为神志不清，呼吸停止，心跳脉搏微弱，四肢冰冷，血压下降或测不到，上腹部膨隆，双眼结膜充血，甚至心跳停止。患者面色青紫或灰白，面部膨胀浮肿，口周及鼻腔内充满泡沫状液体。有的患者还合并颅脑及四肢损伤。经心肺复苏后常有呛咳、呼吸急促，重者可出现肺水肿、脑水肿及心搏骤停等。根据溺水史和打捞经过，不难诊断，但应迅速评估溺水者生命状态，如呼吸是否停止、心跳有无、血压及意识状态等。

溺水时可采用如下自救措施：

(1) 不会游泳者落水后，一定要保持冷静，设法呼吸，等待他救机会。自救方法：采取仰面体位，头顶向后，口鼻向上露出水面则可进行呼吸，切不可将手上举或挣扎，否则更易下沉。

(2) 会游泳者溺水常因为腓肠肌痉挛而引起，及时浮出水面，深吸一口气，把脸浸入水中，将痉挛下肢的拇趾用力往前上方拉，使拇趾翘起来持续用力，直至剧痛消失，痉挛也就停止。反复吸气和按摩痉挛疼痛部位，慢慢向岸边游。

溺水时可采用如下互救措施：

(1) 发现有人溺水时，救护者应镇静，尽可能脱去外衣裤，尤其是鞋靴，迅速诱导溺水者向安全方向移动。

(2) 对挣扎中的溺水者，救护者应从其背后接近，用一只手从背后抱住溺水者头颈，另一只手抓住溺水者手臂，游向岸边。救护时应防止被溺水者紧紧抱住，如已被抱住，应放手自沉，使溺水者手松开，再进行救护。

(3) 如救护者游泳技术不熟练，最好携带救生圈、木板或小船进行救护，或投下绳索、竹竿等，让溺水者抓住，再拖上岸。

对溺水者的医疗急救主要包括：

立即清除口鼻中的杂草、污泥，保持呼吸道通畅。迅速将伤员置于抢救者屈膝的大腿上，头向下，按压其背部使呼吸道和胃内水倒出。注意，一般肺内水分吸收很快，残留不多，因此倒水时间不宜过长，以免耽误复苏时间。对呼吸、心跳停止者，应立即进行心肺复苏术。尽快进行口对口人工呼吸和胸外心脏按压。如无效，应尽早气管插管，使用自动人工呼吸器进行间断正压呼吸或呼气末期正压呼吸，使塌陷的肺泡重新张开，改善供氧和气体交换环境。

复苏成功者，应积极防治并发症，如脑水肿、肺水肿、肺部感染、ARDS、DIC、急性肾功能衰竭、电解质紊乱等。对症治疗，给予吸氧，在不影响心肺功能情况下，淡水溺水者用 3%氯化钠溶液 500 mL 静脉滴注；海水溺水者用 5%葡萄糖溶液 500～1 000 mL 静脉滴注。

因溺水者大多数有复杂且严重的病理生理变化，常常引起严重的并发症，故复苏初步成功后，仍需转院进一步观察和治疗。在转院和搬运过程中，应保持呼吸道通畅，继续吸氧，维持静脉通道，密切观察生命体征。送达医院时，认真向接诊医生交班，汇报水中急救和医院医疗急救经过。

三、触电急救

触电急救应分秒必争，一经明确心跳、呼吸停止的，立即就地迅速用心肺复苏术进行抢救，并坚持不断地进行，同时及早与医疗急救中心（医疗部门）联系，争取医务人员接替救治。在医务人员未接替救治前，不应放弃现场抢救，更不能只根据没有呼吸或脉搏的表现，擅自判定伤员死亡，放弃抢救。只有医生有权做出伤员死亡的诊断。与医务人员接替时，应提醒医务人员在触电者转移到医院的过程中不得间断抢救。

1. 迅速脱离电源

（1）触电急救，首先要使触电者迅速脱离电源，越快越好。因为电流作用的时间越长，伤害越重。

（2）脱离电源，就是要把触电者接触的那一部分带电设备的所有断路器（开关）、隔离开关（刀闸）或其他断路设备断开；或设法将触电者与带电设备脱离开。在脱离电源过程中，救护人员也要注意保护自身的安全。

低压触电可采用下列方法使触电者脱离电源：

1）如果触电地点附近有电源开关或电源插座，可立即拉开开关或拔出插头，断开电源。

2）如果触电地点附近没有电源开关或电源插座（头），可用有绝缘柄的电工钳或有干燥木柄的斧头切断电线，断开电源。

3）当电线搭落在触电者身上或压在身下时，可用干燥的衣服、手套、绳索、皮带、木板、木棒等绝缘物作为工具，拉开触电者或挑开电线，使触电者脱离电源。

4）如果触电者的衣服是干燥的，又没有紧缠在身上，可以用一只手抓住他的衣服，拉离电源。

5）若触电发生在低压带电的架空线路上或配电台架、进户线上，对可立即切断电源的，则应迅速断开电源，救护者迅速登杆或登至可靠地方，并做好自身防触电、防坠落安全措施，用带有绝缘胶柄的钢丝钳、绝缘物体或干燥不导电物体等工具将触电者脱离电源。

2. 高压触电可采用下列方法之一使触电者脱离电源

（1）立即通知有关供电单位或用户停电。

（2）戴上绝缘手套，穿上绝缘靴，用相应电压等级的绝缘工具按顺序拉开电源开关或熔断器。

（3）抛掷裸金属线使线路短路接地，迫使保护装置动作，断开电源。

3. 脱离电源后救护者应注意的事项

（1）救护人不可直接用手、其他金属及潮湿的物体作为救护工具，而应使用适当的绝缘工具。救护人最好用一只手操作，以防自己触电。

（2）防止触电者脱离电源后可能的摔伤，特别是当触电者在高处的情况下，应考虑防止坠落的措施。

（3）救护者在救护过程中特别是在杆上或高处抢救伤者时，要注意自身和被救者与附近带电体之间的安全距离，防止再次触及带电设备。

（4）如事故发生在夜间，应设置临时照明灯，以便于抢救，避免意外事故，但不能因此延误切断电源和进行急救的时间。

4. 现场就地急救

触电者脱离电源以后，现场救护人员应迅速对触电者的伤情进行判断，对症抢救。

5. 伤员脱离电源后的处理

（1）判断意识和通畅呼吸道。

（2）通畅气道。当发现触电者呼吸微弱或停止时，应立即通畅触电者的气道以促进触电者呼吸或便于抢救。

（3）判断呼吸。在通畅呼吸道之后，由于气道通畅可以明确判断呼吸是否存在。

（4）判断伤员有无脉搏。在检查伤员的意识、呼吸、气道之后，应对伤员的脉搏进行检查，以判断伤员的心脏跳动情况。

6. 口对口（鼻）呼吸

当判断伤员确实不存在呼吸时，应立即进行口对口（鼻）的人工呼吸。

7. 心肺复苏法注意事项

（1）吹气不能在向下按压心脏的同时进行。数口诀的速度应均衡，避免快慢不一。

（2）操作者应站在触电者侧面便于操作的位置、单人急救时应站立在触电者的肩部位置；双人急救时，吹气人应站在触电者的头部，按压心脏者应站在触电者胸部、与吹气者相对的一侧。

（3）人工呼吸者与心脏按压者可以互换位置、互换操作，但中断时间不超过 5 s。

（4）第二抢救者到现场后，应首先检查颈动脉搏动，然后再开始做人工呼吸。如心脏按压有效，则应触到搏动，如不能触及，应观察心脏按压者的技术操作是否正确，必要时应增加按压深度及重新定位。

（5）可以由第三抢救者及更多的抢救人员轮换操作，以保持精力充沛、姿势正确。

8. 转移和终止

（1）转移。在现场抢救时，应力争抢救时间，切勿为了方便或让伤员舒服去移动伤员，从而延误现场抢救的时间。

（2）终止。何时终止心肺复苏是一个涉及医疗、社会、道德等方面的问题。

（3）电击伤伤员的心脏监护。被电击伤并经过心肺复苏抢救成功的电击伤员，都应让其充分休息，并在医务人员指导下进行不少于48 h的心脏监护。

四、烧伤急救

烧伤救治最早一个环节就是现场急救，其基本原则是：迅速脱离致伤源，立即冷疗，就近急救和分类转送专科医院。

1. 迅速脱离致伤源

（1）火焰烧伤。迅速采取脱去着火的衣服或用水浇灌或卧倒打滚等方法，熄灭火焰。切忌奔跑喊叫，以防增加头面部、呼吸道损伤。

（2）热液烫伤。脱去热液浸湿的衣服（尽可能避免将疱皮剥脱，可先用冷水冲洗带走热量后剪开热液浸湿的衣服）。

（3）化学烧伤。脱去致伤因素浸湿的衣服，迅速用大量清水长时间冲洗，尽可能去除创面上的化学物质。注意，生石灰烧伤应用干布擦净后，再用水冲洗；磷烧伤要用大量水冲洗浸泡，或用多层湿布包扎创面（禁用油质敷料包扎），防止磷自燃。

（4）电烧伤。立即切断电源，再接触患者。如患者出现心跳、呼吸停止，立即进行体外心脏挤压和人工呼吸，待呼吸、心跳恢复后及时送附近医院进一步治疗。如电弧烧伤引起，切断电源后，按火焰烧伤处理。

2. 冷疗处理

用冷水冲洗、浸泡或湿敷是烧伤早期最为有效而经济的手段。

3. 保护创面

现场烧伤创面无须特殊处理。尽可能保留水疱皮完整性，不要撕去腐皮，同时要外裹一层敷料或清洁的被单、衣服等进行简单的包扎。创面忌涂有颜色药物及其他物质如龙胆紫、酱油等，也不要涂膏剂如牙膏等，以免影响对创面深度的判断和处理。

4. 液体治疗

当烧伤面积达到一定程度，患者可能发生休克。轻者可口服含盐饮料防治；重者需静脉补液。口服忌大量饮水，尤其白开水，一般一次口服不宜超过 50 mL，谨防呕吐。

5. 转送治疗

原则上就近、及时转送至有条件医治的医院。

复习思考题

1. 避灾自救基本要求有哪些？
2. 火灾现场如何逃生自救？
3. 徒手心肺复苏流程是什么？
4. 止血、包扎、骨折固定与伤员搬运要点和方法有哪些？

技能实训七：现场急救与处理

一、徒手心肺复苏技术

（一）实训目标

1. 要求学生掌握心肺复苏技术条件和基本操作流程。
2. 要求学生能够熟练，准确进行心肺复苏操作。

（二）任务描述

假定一个伤员突然倒地，你是第一目击者，发现这种情况后如何第一时间进行处理。

（三）任务准备

1. 心肺复苏模拟人及电源若干。
2. 实训前要求学生熟悉心肺复苏基本理论知识。

（四）知识要点

1. 心肺复苏条件。
2. 意识和呼吸判断。
3. 开放气道方法。
4. 口对口呼吸要领。
5. 心脏是否骤停判断。
6. 胸外按压要领。

（五）实训过程

1. 在实训室集合由指导教师讲解实训要求和布置。
2. 由指导教师进行徒手心肺复苏讲解和演示。
3. 按照学生分组进行实际操作实践。
4. 教师现场解答指导、答疑。
5. 实训总结。

（六）注意事项

实训过程一定要按照教师要求进行，爱护实训设备，有疑问必须及时提出。

（七）总结与思考

1. 徒手心肺复苏持续时间怎么确定？

2. 单人心肺复苏与双人心肺复苏哪种效果更好？

二、止血、包扎、骨折固定与伤员搬运

（一）实训目标

1. 要求学生掌握止血、包扎、骨折固定与伤员搬运基本要求和操作流程。

2. 要求学生能够熟练进行各种止血、包扎、骨折固定与伤员搬运操作。

（二）任务描述

假定一名伤员小腿出血，并骨折，你作为现场处理人员如何处理。

（三）任务准备

1. 绷带、止血带、夹板、担架若干。

2. 要求学生提前熟悉止血、包扎、骨折固定与伤员搬运基本理论知识。

（四）知识要点

1. 止血技术使用（包括指压止血和加压止血）。

2. 包扎方法应用（包括环形包扎和螺旋形包扎等）。

3. 骨折固定方法。

4. 搬运方法（包括单人、双人搬运）。

（五）实训过程

1. 在实训室集合由指导教师讲解实训要求和布置。

2. 由任课教师进行现场止血、包扎、骨折固定与伤员搬运讲解和演示。

3. 按照学生分组进行实际操作实践。

4. 教师现场解答指导、答疑。

5. 实训指导总结。

（六）注意事项

实训过程一定要按照教师要求进行，爱护实训设备，有疑问必须及时提出。

（七）总结与思考

1. 其他部位止血、包扎和骨折固定是如何实施的？

2. 对于特殊伤员（比如身体带有刺入物的伤员）如何进行搬运？

参考文献

[1] 王德学. 安全生产应急管理 [M]. 北京：煤炭工业出版社，2007.

[2] 苗金明. 事故应急救援与处置 [M]. 北京：清华大学出版社，2012.

[3]《应急救援系列丛书》编委会. 应急救援装备选择与使用 [M]. 北京：中国石化出版社，2008.

[4] 刑娟娟. 企业事故应急救援与预案编制技术 [M]. 北京：气象出版社，2008.

[5] 刘长文，黄长富. 突发灾害应急救援 [M]. 北京：气象出版社，2010.

[6] 胡忆沩. 危险化学品应急处置 [M]. 北京：化学工业出版社，2009.

[7] 孙玉叶，夏登友. 危险化学品事故应急救援与处置 [M]. 北京：化学工业出版社，2008.

[8] 田卫东，周华龙. 矿山救护 [M]. 重庆：重庆大学出版社，2010.

[9] 周素梅，吕琳，赵锐. 个体防护在应急救援中的作用 [J]. 安全，2003.6：42—43.

[10] 苗金明，冯志斌，张杰. 企业应急救援预案的分级响应机制探讨. 中国职业安全健康协会 2009 年学术论文集 [C]，2009.

[11] 张东普，董定龙. 生产现场伤害与急救 [M]. 北京：化学工业出版社，2005.

[12] 李强. 现代煤矿常见灾害事故现场救护新技术使用手册 [M]. 长春：吉林大学出版社，2005.

[13] 吴宗之，刘茂. 重大事故应急救援系统及预案导论 [M]. 北京：冶金工业出版社，2003.

[14] 孙维生. 化学事故应急救援 [M]. 北京：化学工业出版社，2008.

[15] 王起全. 事故应急与救援导论 [M]. 上海：上海交通大学出版社，2015.

[16] 岳茂兴. 灾害事故现场急救 [M]. 北京：化学工业出版社，2006.

[17] 北京市达飞安全科技开发有限公司. 重特大事故应急救援预案编制使用指南 [M]. 北京：煤炭工业出版社，2006.

[18] 任引津，张涛林等. 实用急性中毒全书 [M]. 北京：人民卫生出版社，2003.

参考文献